世界记忆大师是这样炼成的

聂东东　陈阳 ⊙著

中国水利水电出版社
www.waterpub.com.cn
·北京·

内容提要

在信息爆炸的今天，记忆力的先天限制成了不少人的透明天花板。其实，记忆力是可以通过后天训练得到很大提升的。记忆训练是一项复杂的系统工程，这本书涵盖了最新的科学训练理念、理论、技术和方法，是一本记忆专业训练领域教科书式的经典之作。

本书同所有记忆类书籍的不同之处在于，它有明显的独创性和创新性，以实战的需求为基准点，直接告诉你怎样一步步地训练记忆锦标赛的十大比赛项目以及如何备战比赛，有立竿见影、吹糠见米之奇效。本书系统、细致地讲述了培养训练记忆大师的方法和过程，坚持按照这套教程训练，你就是下一个世界记忆大师。

本书适合于对记忆训练感兴趣、想系统地训练记忆力或者打算参加记忆大赛的朋友。

图书在版编目（CIP）数据

世界记忆大师是这样炼成的 / 聂东东，陈阳著. -- 北京 : 中国水利水电出版社，2017.1（2019.2重印）
ISBN 978-7-5170-4944-9

Ⅰ. ①世… Ⅱ. ①聂… ②陈… Ⅲ. ①记忆术 Ⅳ. ①B842.3

中国版本图书馆CIP数据核字(2016)第296845号

策划编辑：杨庆川　　责任编辑：张玉玲　　加工编辑：张天娇

书　　名	世界记忆大师是这样炼成的 SHIJIE JIYI DASHI SHI ZHEYANG LIANCHENG DE
作　　者	聂东东　陈阳　著
出版发行	中国水利水电出版社 （北京市海淀区玉渊潭南路1号D座 100038） 网　址：www.waterpub.com.cn E-mail：mchannel@263.net（万水） sales@waterpub.com.cn 电　话：（010）68367658（营销中心）、82562819（万水）
经　　售	全国各地新华书店和相关出版物销售网点
排　　版	北京万水电子信息有限公司
印　　刷	三河航远印刷有限公司
规　　格	170mm×240mm　16开本　19印张　243千字
版　　次	2017年1月第1版　2019年2月第3次印刷
印　　数	8001—13000册
定　　价	58.00元

关于本书的赞誉

在过去二十多年的记忆比赛中，常常会看到一些新选手一面茫然，对比赛的认识一知半解。更可怕的是，用了错的方法去训练，白白地浪费了许多光阴。聂东东和陈阳在记忆培训和记忆比赛方面有丰富的经验，相信对每一位有兴趣成为记忆大师的朋友会有相当大的帮助。

——方子杰　香港记忆运动协会主席

国际记忆比赛四级裁判、记忆大师

本书同所有记忆类书籍的不同之处在于，它有明显的独创性和创新性，以实战的需求为基准点，直接告诉你怎样一步步地训练记忆锦标赛的十大比赛项目，以及如何备战比赛，有立竿见影、吹糠见米之奇效，实属难得！

——李振泉　著名儿童记忆力训练专家

在信息爆炸的今天，记忆力的先天限制成了不少人的透明天花板。其实，记忆力是可以通过后天训练得到很大提升的！记忆训练是一项复杂的系统工程，这本书涵盖了最新的科学训练理念、理论、技术和方法，是记忆专业训练领域一本教科书式的经典之作。相信这本书将为提高竞技记忆的科学训练水平、为提升更多人的记忆力作出积极的贡献。

——张鹂　中国传媒大学副教授

我与东东在2014年的世界记忆大赛里相识。当年我们都成功考获世界记忆大师资格。之后我们都抱着一个使命，就是在未来的日子里推广记忆法，让更多面对记忆困境的人得到一个解决的方案。

当我在2015年世界记忆大赛里再次遇见东东时，让我惊讶的是，东东已成功培训了一大批记忆选手代表中国参赛，而且有13位选手成功考获世界记忆大师资格。由此可见，东东团队的记忆培训机制是多么的良好和成熟，否则是达不到这种效果的。

我深信这本书的诞生会让更多的人对记忆法和记忆大师的认知有所提升，也会让更多面对记忆瓶颈的人得到突破的机会。

加入东东战队，让他唤醒你的记忆巨人，为自己、为国家争光，造就你的辉煌人生。

——赵金富　马来西亚记忆运动协会主席、世界记忆大师
国际二级记忆赛裁判、辉煌大脑企业创办人

东东是个善良、沉稳、做事认真细心、思维缜密、善于总结的人，最可贵的是他对教育事业的热情，放弃了自己的高薪工作，为的是实现自己的教育梦想，十分令人敬佩！

陈阳也是坚持记忆大师梦想的人，而每一个成为记忆大师的人都有一段奋斗的经历。

《世界记忆大师是这样炼成的》这本书详细介绍了记忆运动和记忆大师之路，相信对于初学者和高手们都有很好的参考价值。

——黄胜华　《最强大脑》第三季中国战队成员、亚洲记忆大师
世界记忆大师、特级记忆大师

聂东东老师和陈阳老师对世界记忆锦标赛的十大项目分析得非常透彻清晰。刚接触比赛的选手，由于急于求成而犯了不少错误，而这本书可以让你在记忆训练中少走弯路，正确地进行记忆训练，提高训练效率。

——陈智强　《最强大脑》第三季全球脑王
世界记忆锦标赛少年组总冠军

聂东东老师和陈阳老师合写的这本书，系统讲解了如何训练快速成为记忆大师，是一本不可多得的记忆大师指导训练书。在记忆的道路上，如果有人为你指引方向，少走弯路，那将节省更多时间，并且做更多有意义的事情！

——徐灿林　《最强大脑》第三季选手、世界记忆大师

这本书的书稿拿到手后，我一口气读了两遍！这是我读过的国内外关于世界脑力锦标赛备赛最为清晰详尽的一本书（没有之一），作为2015年培养世界记忆大师最多的教练，聂东东和陈阳对广大记忆运动爱好者可谓是毫无保留，不论是想要自学记忆术的初学者，还是想要更上一层楼的记忆运动专业玩家，看完这本书后都一定能有满满当当的收获。

——林闽　世界记忆大师

很欣喜地看到聂东东和陈阳两位世界记忆大师出版新书，清晰详尽地讲解了世界记忆大师训练系统，对世界脑力锦标赛十大项目的讲解几乎是倾囊而授。我接触过很多脑力运动爱好者，在网上搜了点资料就盲目开始训练，最终走了很多弯路。相信这本书能够为你指点迷津，按照书里的方法进行训练，你

也有可能成为世界记忆大师！

——袁文魁　世界记忆总冠军教练、最强大脑金牌教练

特级记忆大师、文魁大脑教育俱乐部创始人

东东老师是我在记忆界见过的超务实、超认真、超负责的一位老师，我本人非常尊敬东东老师。

陈阳老师是我老乡，跟我一样是记忆界颜值与实力都不一般的选手，呵呵。

相信东东老师与陈阳老师出版的书籍也必定是一本干货满满、内容与颜值并存的好书，你们值得拥有！

——谢超东　世界记忆大师、世界记忆锦标赛河南赛区总冠军

记忆梦想导师的匠心之作，让大师梦想触手可及，看完本书干掉自己，你就赢得了世界。

——方士奇　世界记忆大师

东东老师是我在2014年扬州城市赛的时候认识的，2015年他组织并带队尚忆战队，跟他交流时能够感受到他对记忆的热爱和对学员的认真负责，看了他的《世界记忆大师是这样炼成的》书稿，其中系统、细致地讲解了培养训练记忆大师的方法和过程，不管是对编码还是对联结编写都是细致入微，极力推荐给未来的记忆大师们！

——布克金　世界记忆大师教练

本书应该是市面上介绍世界记忆锦标赛训练方案最全面的一本书，对于想系统训练记忆力或者打算参加记忆大赛的伙伴们来说，相信本书一定会带给你非常大的收获！

——雷南燕　世界记忆大师

知道方法还要懂得如何训练去掌握方法，坚持按照这套教程训练，你就是下一个世界记忆大师。

——卢龙斌　世界记忆大师

这本书非常适合对记忆训练感兴趣的朋友，书中对每一项训练内容都描写得非常明了，包括技术层面和心理层面。每一条成功的路上，都会遇上一盏照亮你前路的明灯。东东老师是我人生道路上的明灯，相信这本书也会成为你踏上世界记忆大师之路的明灯。

——蒋淑康　世界记忆大师

推荐序

在从事记忆培训这十多年的时间里，我们尚忆教育一直都非常乐意把所研究的方法、心得、经验跟大家分享，毫无保留。

当然，分享的方式有很多，包括免费资料、免费讲座、网络课程、面授课程，以及各种专业书籍等。

在这个分享过程中，很多人有了收获、有了成长，这是我们乐于看到的。当然，在分享过程中，我们自身也有了很多的收获和成长——这也是我们乐于不断分享的重要原因。

东东、陈阳、方士奇等伙伴，通过自己的努力，相继获得了“世界记忆大师”称号。然后，他们把自己所掌握的技术和经验分享给了许多同样希望成为世界记忆大师的人。有不少伙伴得益于这些分享，成为了世界记忆大师。在他们的共同努力之下，尚忆教育成为2015年全球培养世界记忆大师最多的机构。

在带领尚忆战队的过程中，东东和陈阳他们积累了许多经验，总结了许多方法和技巧。他们把这几年在自我训练以及面授教学过程中所积累的方法、经验和技巧进行了系统的总结和提炼，也就有了大家所看到的这本书。

如果你打算进行系统的记忆训练，如果你打算参加世界记忆锦标赛，希望加入到脑力爆棚的世界记忆大师队伍之中，那么相信本书里的方法和经验会带给你非常好的启发。

如果你希望获得教练们的面授指导，那么欢迎你加入到尚忆战队之中！

尚忆教育创始人

张海洋

作者序1

2014年，机缘巧合，我接触到记忆领域，知道记忆力是可以后天训练的，于是在5月份来到尚忆教育参加第一期师资培训课程。在课程中，张海洋老师说2014年12月第23届世界记忆锦标赛在中国海南举行，这是一个千载难逢的好机会，我们有机会跟来自世界各地的记忆高手切磋交流，更有机会获得“世界记忆大师”殊荣。我从小到大都很平凡，这个世界顶级的记忆赛事让我联想到小时候反复从内心深处冒出来的想法：看到国家队的运动员为国出征、为国争光的情景，这是人生多么巨大的荣耀。我突然意识到，或许有机会成为国家队的一员，代表国家出战世界记忆锦标赛，恰巧陈阳和方士奇也有志于备战世界记忆锦标赛，于是我们三人马上投入到封闭式记忆训练中。

真正开始训练后我才发现，在记忆领域早就在推广记忆原理和方法，但却没有一个完整的训练体系。于是，我们在尚忆几位老师的指导下，一边摸索一边训练，并梦想着有一天研发出一套专业、完善的记忆训练体系，帮助更多的人掌握高效记忆能力，帮助更多的人从平平凡凡的普通人锤炼成记忆大师，享受更加美妙的人生旅程。

在训练过程中，我明显感觉到记忆训练是一个实践操作和程序性很强的系列活动，更是一个大量运用结构化思维的训练体系。于是，我就想着运用流程化、程序化、标准化和结构化思维的思路来开发一套记忆训练体系。而我又曾经就职于一家上市公司，了解并实际参与了公司的SOP建设和实施过程。有鉴于此，我开始尝试着将企业管理中的SOP 模式结合我多年来运用思维导图的经验，研发出了记忆训练体系的雏形并亲自实践。

功夫不负有心人，在2014年12月的世界记忆锦标赛上，我荣获了“世界记忆大师”终身荣誉称号，初步验证了这一体系的有效性。世锦赛归来，我潜心研究几个月，终于在2015年3月研发出了记忆训练体系的第一个版本。同时，考虑到这一体系的特质，我在2015年开创先河地提出采用长期集训模式将第一个版本投入到记忆教学培训工作中进行实践与检验。从教以来，我从未停止探索的步伐，而是不断思考总结，为修订完善记忆训练体系时刻准备着。“宝剑锋从磨砺出，梅花香自苦寒来”，尚忆教育在2015年培养出13位世界记忆大师，选手们的付出和成绩也让我这名主教练成为2015年全球培养世界记忆大师最多的教练。

从2015年四季度开始，我携手一起奋斗在记忆训练和教学一线的亲密战友——陈阳，在教学培训经验教训的基础上反复思考总结，不断完善并投入实践，不是几易其稿，而是几十次易稿，终于在2016年7月共同打造出了这套专业、完善的记忆训练体系。运用这套训练体系，可以帮助选手系统地训练和掌握高效记忆能力，助其进入记忆的自由王国。

在创作过程中，我始终以思辨、审慎的态度进行思考总结，并以精益求精的理念超越自我、追求卓越。

感谢父母培养了勤勉踏实的我，感谢恩师张海洋将我领进记忆之门，感谢家人的一路陪伴与支持，感谢从教以来信任和支持我的战友、学员与家长们，感谢记忆领域的诸多知名教练激励我不断前行，感谢自己的不断成长与坚持！

感谢恩师张海洋、曾冠茗，感谢世界记忆大师杨雁、黄胜华、陈智强、谢超东、覃雷、林蕾、李利、蒋淑康、方士奇、雷南燕、卢龙斌、卢红莲、陆伟、尹锡琼、陈智峰、王月茹、刘康煜、闫家硕等，感谢NLP 导师葛松云，感谢所有使用这套教程的学员和家长们在本书编写过程中提供的意见与建议。

我深知，由于个人经历和经验有限，这套记忆训练体系难免还有不足之处，望各位名师、高手不吝赐教。“路漫漫其修远兮，吾将上下而求索！”

推广和普及记忆运动或许是上天赋予我的使命，我唯有战战兢兢、如履薄冰般尽己绵薄之力，愿记忆运动之花开遍全国，乃至全世界！

聂东东

2016年7月

作者序2

接触到记忆这个名词之前，在我的认知层面里，它就像个神秘的黑洞，无可名状。

《最强大脑》第一季的播出，像一枚原子弹一样在全国范围引发了强烈的反响！我从未想过一个人的记忆力竟能如此之强，看完节目后，我就像间谍一样在网上搜索那些选手的信息。此时，我发现他们有一个共同点——世界记忆大师。于是，我马上转换关键词搜索：什么是世界记忆大师？如何成为世界记忆大师？就这样，我慢慢地踏上了学习记忆之路。

2014年5月，我即将大学毕业，当时我已经有了一份很不错的设计工作。虽然我很喜欢设计，但是，出于对记忆力的强烈渴望，我做出了一个改变人生轨迹的决定——参加世界记忆锦标赛（The World Memory Championships）。于是，为了备战年底的世界记忆锦标赛，我和聂东东、方士奇开始了为期半年的封闭式集训。

那段和伙伴们一起闭关训练的时光终生难忘，有过泪水，有过欢笑，有过难过，有过感动。现在回忆起来，依然历历在目，所有的付出都是值得的！

2014年11月，世界记忆锦标赛中国区总决赛在海口举行。我顺利地从两百多名选手中脱颖而出，成为国家队的一员，代表中国征战世界记忆锦标赛。

很快，世界大赛的日子到来了。

迎接我的却是残酷的现实：1小时数字对了960个，离1000个数字的标准仅差两位数的纰漏！与当年的“世界记忆大师”失之交臂！但是，这已经是事实，我只能接受。比赛结束的那天晚上我睡得特别踏实、特别香。因为我相信一切都是最好的安排，这样才能让自己得到更多的磨练，更好地成长自己。

不久后又得到了新的消息：下一届“世界记忆大师”的标准提高了！

新的标准在原有“铁脑三项”的基础上又额外增加了“总分3000分以上”的要求！这就意味着，世界记忆锦标赛的十个项目都必须同时训练，否则就很难达到3000分，但我却欣喜地发现，提升了难度之后却激发了我的挑战欲。

一切又得重头开始。

历经2015年更加执著、更加自律的系统训练，我终于在成都举办的第24届世界记忆锦标赛上斩获“世界记忆大师”殊荣。

鉴于我在学习和训练记忆的过程中走过不少弯路，我很想写一本系统讲解世界记忆锦标赛的书籍，以期后来人少走弯路，更快更好地拥有高效记忆能力。机缘巧合，我和东东一起编著这本竞技记忆的匠心之作。

在这本书中，我们几乎讲解到了与世界记忆锦标赛相关的所有内容，从对比赛项目的认知开始，到详细的记忆案例讲解，再到如何进行专业训练、每个阶段应该如何训练、训练中会遇到哪些问题、这些问题如何解决、心理层面的锻炼与调整，以及众多记忆高手和最强大脑选手的心得体会都详细道来。

当我们一心想要把这本书变得越来越完美的时候，一个个伯乐让它锦上添花。特别感谢我的恩师张海洋老师和曾冠茗老师、我的启蒙老师张维老师和陈明月老师，以及记忆界的亲密战友们。

陈阳

2016年7月

目录 Contents

CHAPTER ONE

第一章 记忆运动与记忆大师

第一节　记忆运动简介

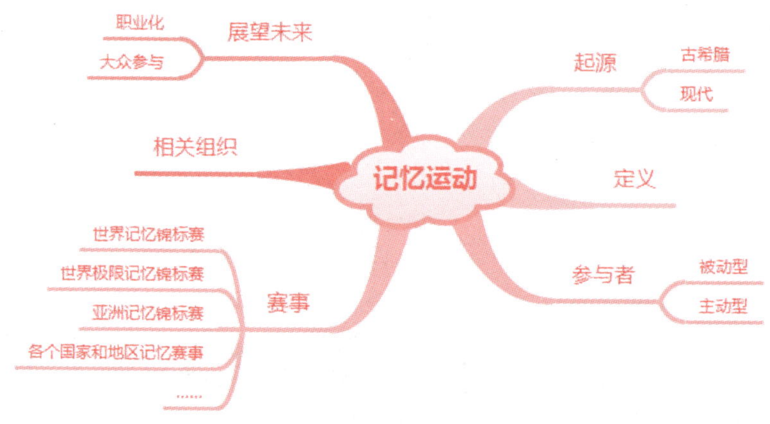

一、记忆运动起源

在古希腊的一场宴会上，著名诗人西蒙纳德（Simonides）吟诵了一首抒情诗来赞美主人。席间，侍卫传话说门外有两个人想见他，西蒙纳德起身走出宴会厅，身后的建筑就轰然倒塌了，主人斯科帕斯（Scopas）和其他宾客都被压死了。尸体被压得面目全非，无法辨认，不曾想，西蒙纳德竟然记下了所有与会宾客所坐的位置，并帮助家属认领了他们亲人的尸首。这个故事听起来有点令人毛骨悚然，不过，记忆力训练奠基人西蒙纳德却领悟到了位置记忆理论，也就是将需要记忆的东西与一些特定的位置（比如房间里的餐桌、椅子等）联系起来，再将其组织起来，使得记忆材料更利于回忆。

虽然在公元前五百多年的古希腊，就有人发明了记忆技巧并开始运用，但是，现代意义上的记忆运动在上世纪九十年代才开始出现在社会生活中。

世界大脑先生托尼·博赞（Tony Buzan）一直对大脑运动感兴趣，但令他感到奇怪的是，有象棋、围棋、桥牌等脑力比赛，而堪称大脑最大技能的记忆，却没有任何比赛！于是，在1991年，世界大脑先生、思维导图发明者、世界记忆之父托尼·博赞先生和英国首位国际象棋大师、大英帝国勋章获得者雷蒙德·基恩（Raymond Keene）一起，在英国伦敦的雅典娜俱乐部，举办了第一届世界记忆锦标赛。第一届比赛虽然只有七位记忆爱好者参与，但这届比赛犹如星星之火，逐渐在全球引燃了记忆运动的燎原之势。全球的记忆爱好者都努力训练，希望获得“世界记忆大师”这一终身荣誉称号。

二、记忆运动的定义

记忆运动，是指在遵循大脑生长发育规律、神经和心理活动规律的基础上，通过学习、训练、竞技比赛等方式达到提升记忆力和思维能力的活动。

有别于其他体育运动，记忆运动是一项全民参与的运动，不论年龄、性

创始人　托尼·博赞

世界记忆运动理事会主席

世界著名心理学家

世界著名教育学家

英国大脑基金会总裁

思维导图发明者

世界大脑先生

聂东东与雷蒙德·基恩合影

世界记忆锦标赛发起人

英国首位国际象棋特级大师

国际棋联裁判

超过100本书籍出版

他因在国际象棋方面的贡献被英国女王

授予了大英帝国勋章（OBE）

别、身体健全与否，所有人都能够参加。

记忆运动作为一项健康的爱好、特长，或者说健脑运动，不仅会提升你的记忆能力和思维技巧，还会对你整个人生产生极其深远的影响。

三、记忆运动的参与者

记忆运动的参与者，包括被动参与者和主动参与者。被动参与者，一般是指迫于外界压力参与记忆运动的人士。比如，学校里死记硬背啃书备考的莘莘学子、社会上一边上班一边应付职称考试的在职人士等。主动参与者，一般是指源于内心热爱投身记忆运动的人士。比如，训练并参加记忆比赛的选手，他们主动进行记忆训练，享受脑力锻炼的苦与乐。

四、记忆运动赛事

（一）世界级记忆比赛

1. 世界记忆锦标赛

从1991年托尼·博赞先生提出申办世界记忆锦标赛开始，经过二十几年的发展，该赛事作为全球最高级别的记忆运动赛事，已经成为当今世界大脑思维运动领域最具影响力的国际性赛事，其吸引力和影响力堪比体育界的奥林匹克，被国际媒体赞誉为脑力奥林匹克。

世界记忆锦标赛本身的权威性、学术性、知识性、教育性、挑战性、趣味性及“友谊第一、竞赛第二”的奥林匹克精神，每年都吸引来自全球几十个国家的记忆爱好者参与角逐。有别于其他赛事或脑力竞技节目，世界记忆锦标赛产生的世界纪录，无须吉尼斯世界纪录官方组织审核，直接纳入《吉尼斯世界纪录大全》。

我国与世界记忆锦标赛渊源颇深，曾经举办了四届世界记忆锦标赛，分别是2010年和2011年广州、2014年海口、2015年成都。2016年，世界记忆运动已经走过了四分之一个世纪，第25届世界记忆锦标赛及其银禧庆典在新加坡举行。

2. 世界极限记忆锦标赛

极忆杯是一项由中国极忆联盟发起的国际顶级记忆赛事，是一个基于科研的专业性记忆赛事，2016年升级为世界极限记忆锦标赛。

（二）亚洲记忆锦标赛

2015年8月22日至23日，在香港九龙窝打老道78号培正小学钱涵洲纪念楼举办了第一届亚洲记忆锦标赛暨第三届香港记忆公开赛。

（三）各个国家和地区记忆比赛

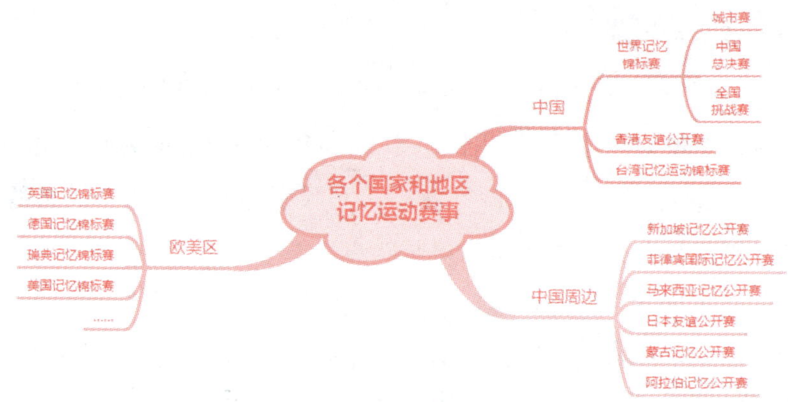

在国内以及我国周边拥有一系列的记忆赛事。就国内而言，有世界记忆锦标赛城市选拔赛、中国总决赛、全国挑战赛；以及获得世界记忆运动理事会认可的香港友谊公开赛和台湾记忆运动锦标赛，这两项赛事的所有成绩均会用作计算世界排名。在我国周边，也有一系列获得世界记忆运动理事会认可的国际赛事，包括马来西亚记忆公开赛、菲律宾国际记忆公开赛、新加坡记忆公开赛、日本友谊公开赛、蒙古记忆公开赛和阿拉伯记忆公开赛等。

在欧美，更是有很多国家在举办一年一度的世界顶级国际记忆公开赛，比如英国、德国、瑞典、美国……

五、记忆运动相关组织

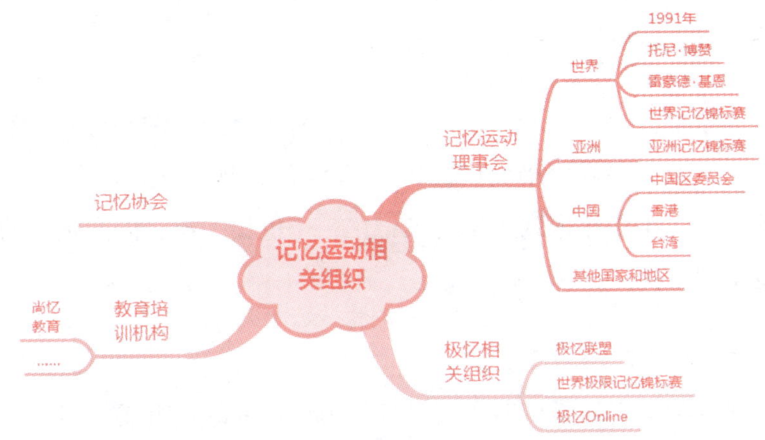

（一）世界记忆运动理事会

世界记忆运动理事会成立于1991年，是全球记忆运动的独立管理机构，管理世界各地的比赛和认证，并每年举办世界记忆锦标赛。托尼·博赞担任理事会主席。

亚洲记忆运动理事会是世界记忆运动理事会在亚洲的代表。世界记忆运动理事会中国区委员会是由托尼·博赞和雷蒙德·基恩直接任命的世界记忆运动理事会（WMSC）在中国的代表。香港记忆运动理事会和台湾记忆运动理事会是世界记忆运动理事会在该地区的唯一代表。

（二）极忆相关组织

极忆成立于2011年8月28日，是一个全球顶级的记忆力交流、提升与竞技平台，由极忆联盟、极忆杯、极忆Online构成。极忆联盟为记忆爱好者社群，负责线上线下活动运营和学术方法交流，并举办每年一届的极忆杯和各地分赛；极忆杯是国际顶级记忆赛事，2016年已升级为世界极限记忆锦标赛；极忆Online为Web在线平台，包括训练、活动、答疑、在线PK和竞赛部分。目前极忆在国内已拥有众多的记忆运动爱好者，在全球24个国家拥有成员。未来，极忆将以神经科学为基础，做一些很大的事。

（三）记忆教育培训机构

社会上，有很多教育培训机构在推广和普及记忆，比如说张海洋老师创办的尚忆教育，十多年来致力于普及记忆，是世界一流、国内领先的记忆研究和教育培训机构。

（四）记忆协会

不论是社会上，还是校园里，有许多由记忆爱好者组成的记忆协会，他们也在为推广记忆运动而努力。

六、记忆运动的未来

我想，或许有一天，记忆运动就像当下的体育运动（如足球、篮球、乒乓球等）或其他脑力运动（如象棋、围棋、桥牌等）一样流行，不仅有专业的记忆运动员，还会有社会大众的普遍参与。

第二节　记忆大师简介

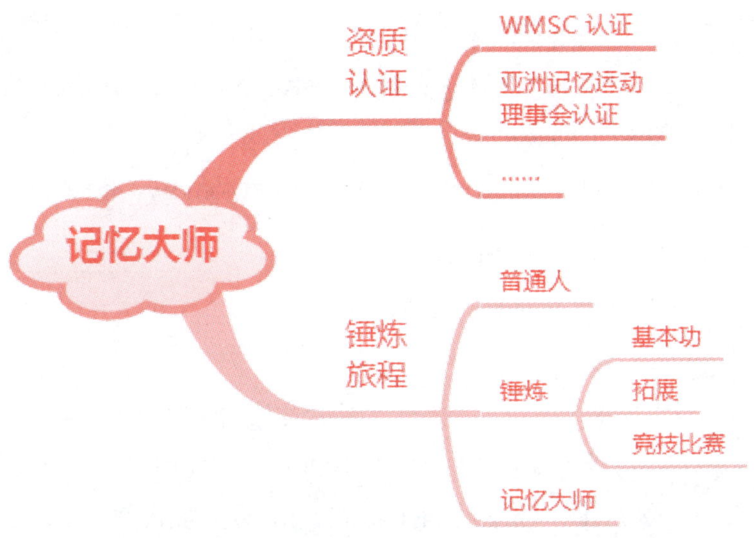

“世界记忆大师”奖在世界记忆锦标赛上是一个举足轻重的奖项，它代表了世界记忆运动理事会对获奖者技术水平的评价，“世界记忆大师”证书是全球脑力界唯一各国认可并世界通用的凭证。

1991年至2015年的二十四届世界记忆锦标赛全球共产生294位世界记忆大师。其中，在2015年的成都世锦赛上，尚忆教育培养出13位世界记忆大师，是全球培养世界记忆大师最多的机构，同时尚忆教育培养出了全球年龄最小的世界记忆大师闫家硕（山东济南燕柳小学五年级学生，年仅10岁）、打破抽象图形世界纪录的少年组世界记忆大师王月茹、全球首对“世界记忆大师”夫妇卢龙斌、卢红莲，以及刷新三项世界纪录（中国）的杨雁（中国快速扑克第一人，以22.57秒的成绩刷新了中国人在世锦赛上创下的最好成绩）。

一、记忆大师认证标准

（一）WMSC 官方认证的记忆大师

根据世界记忆运动理事会中国区委员会2015年度公告的最新标准，选手在世界记忆运动理事会（WMSC）官方认可的世界赛中，如果成绩达到相关要求，分别授予以下称号：

1. 国际记忆大师（International Master of Memory，IMM）

* 1小时内记住1000个随机数字

* 1小时内记住最少10副扑克牌

* 2分钟内记住1副扑克牌

* 达标当年须十个项目都参赛，且总分达到3000分以上

注：前三项标准都要达到，但三项标准不一定要在同一年达到。

2. 特级记忆大师（Grandmaster of Memory，GMM）

*先要达到IMM要求

*在当年的世界赛中获得最少5000分的前五名选手

注：每年只评出五个新的GMM名额。

3. 国际特级记忆大师（International Grandmaster of Memory，IGM）

*在世界赛中获得最少6000分的选手

注：每年不限名额数量。

特别说明：所有在2013年或之前已经取得记忆大师称号者（不论证书上是Grandmaster of Memory还是International Grandmaster of Memory），即使没有在世界赛中取得5000分，仍可保留其记忆大师（GMM）称号，而当中曾在世界赛中取得6000分或以上者，方可保留国际特级记忆大师（IGM）称号。

（二）亚洲记忆运动理事会官方认证的记忆大师

在亚洲记忆锦标赛中，亚洲记忆运动理事会将颁发“亚洲记忆大师”给达到下列要求的参赛选手：

（1）30分钟内记下700个数字

（2）30分钟内记下7副扑克牌

（3）70秒内记下1副扑克牌

（4）在亚洲记忆锦标赛中得到至少4000分总分

（5）代表亚洲国家的记忆选手

（三）其他记忆大师标准

尚忆教育创始人、记忆权威专家张海洋认为，在数字、扑克等领域的记忆训练之外，在文字记忆（尤其是国学经典）方面也很有必要设立记忆大师的标准。例如，倒背如流100首诗词、倒背如流古文经典、倒背如流《道德经》《金刚经》《论语》《孟子》等。

记忆国学经典看起来似乎很难，然而许多没有经过专业记忆训练的人都能记住大量的资料。例如，郭沫若在二十岁前就可以把《千家诗》《唐诗三百首》《诗经》全都背出来；茅盾能把一百二十回本的《红楼梦》背出来。作为我们专业的记忆人才，比郭沫若和茅盾多记一点，要求应该也不算过分了，呵呵。

让我们从现在开始努力吧，希望10年之内能够成为一个真正的记忆大师！

二、记忆大师锤炼旅程

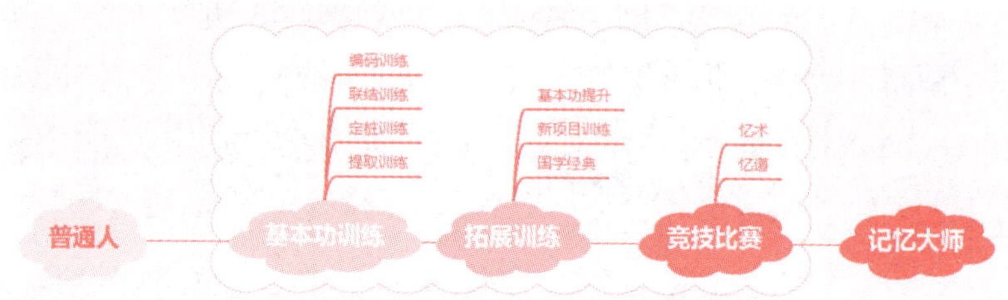

根据我们的比赛实战和教育培训经验，为了达到WMSC 认证记忆大师标准，或者说普通人从零基础成长为记忆大师，一般需要经过基本功训练、拓展训练和竞技比赛三个阶段的锤炼，最终在世界记忆锦标赛上荣获“世界记忆大师”这一殊荣。本训练教程也是为了帮助更多记忆爱好者达到WMSC 认证记忆大师标准而量身定制的。

CHAPTER TWO

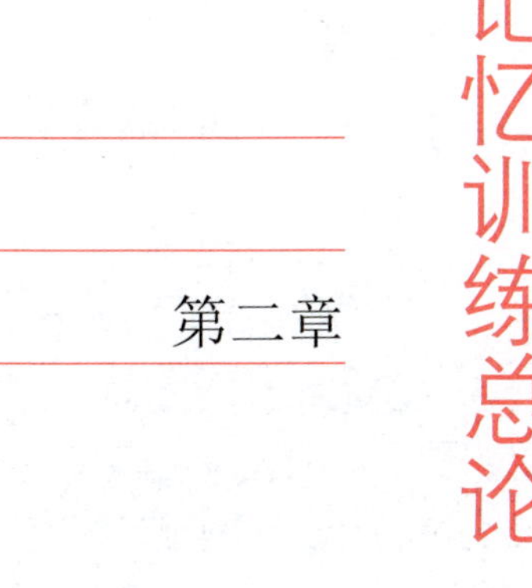

第二章 记忆训练总论

第一节　记忆训练的定义与意义

一、记忆训练的定义

记忆训练，是指在教练指导下，通过中长期的刻意练习、竞技比赛等方式来提升记忆力的专业、系统的活动。

人们进行记忆训练，一般源于一个高效记忆的梦想。正是对于高效记忆梦想的执著与热爱，让我们步入专业、系统训练的殿堂——这是一个中长期的“吃苦”的过程（记忆力训练专家张海洋如是说），全程需要教练团队的指导反馈，以期及时修正。在训练中坚持下来的人员就有机会进入记忆的自由王国，并有机会在官方认可的赛事中获得记忆大师认证！

二、记忆训练的意义

记忆运动是一个综合性脑力锻炼项目，其意义不仅仅在于提升记忆力上：

（1）提高记忆效率，或者说提升记忆能力，也就是我们常说的提高记忆力。

（2）训练和积累相互促进，运用高效记忆法积累更多知识。

（3）在某一个或某一些项目上训练获得的高效记忆能力，经过一定的训练养成，可以快速复制迁移到新的记忆项目上，我们称之为迁移记忆能力。

（4）提升大脑思维，比如想象力、专注力、逻辑思维等。

（5）在记忆运动锻炼过程中的不断成长可以增强我们的自信心。

第二节　记忆工作机制

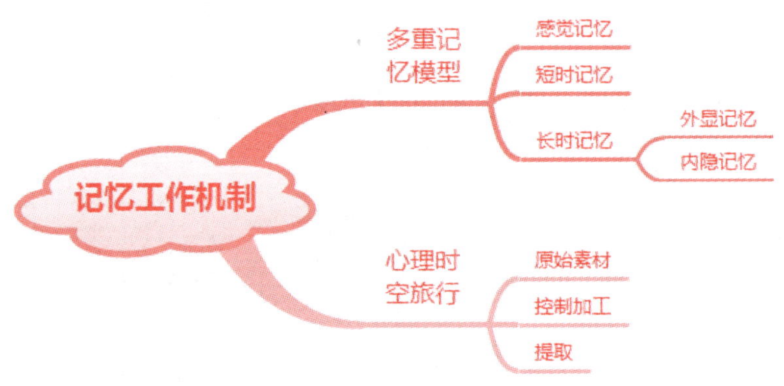

一、多重记忆模型

（一）多重记忆模型概述

Atkinston 和Shiffrin 提出的多重记忆模型中包含以下三个主要方面：一是感觉记忆，是最开始的阶段，可以包含所有信息，持续几分之一秒或几秒；二是短时记忆，包含5～7个项目，持续15～30秒；三是长时记忆，包含大量信息，可以维持几分钟、几小时，乃至几年、几十年。

感觉记忆、短时记忆和长时记忆在脑内既是分离的，也是部分重叠的。导致这种重叠的一种可能是，它们之间存在持续的相互作用，以及共享某些相同的机制。

（二）长时记忆

长时记忆可以分为外显记忆和内隐记忆两类。外显记忆，由情景记忆和语义记忆组成。其中，情景记忆是指对个人经历的记忆，而语义记忆是指对知识和事实的记忆。内隐记忆，其典型特征是我们经常意识不到自己正在使用这些记忆，比如程序性记忆（或者叫技能记忆）是关于如何做事的记忆。

以世界记忆锦标赛比赛项目为例，我们在记忆时，是将情景记忆（定桩记忆）和语义记忆（数字、扑克、词汇、历史等）相结合，从而使语义记忆得到强化；在进行快速扑克等项目的记忆训练时，我们的训练流程本身就是程序性记忆。

二、心理时空旅行

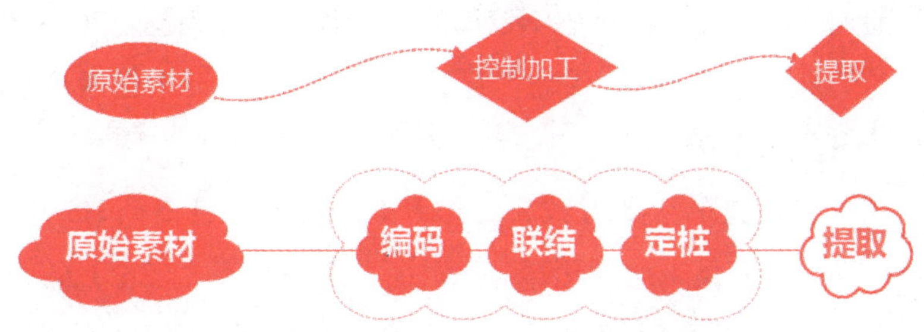

我们在记忆训练中主要使用的长时记忆种类是情景记忆，它的典型特征

是涉及心理时空旅行——回到过去的时间、地点以重新建立和过往事件的联系。但是要注意的是，通过心理时空旅行回到过去的情景中并不能确保记忆的正确性，或者说我们对过去的记忆并不总是与事实相符的。

（一）编码

高效记忆的核心原则是善于利用已有知识对新信息进行编码。所谓编码，就是对外界输入大脑的信息进行加工转化的过程，在整个记忆系统中，编码有不同的层次或水平，而且以不同的形式存在着。

在记忆中，常用的编码方式有视觉编码、听觉编码和语义编码。例如，当你根据某个人的外貌来辨认这个人时，你所使用的就是视觉编码；当你根据某个人的声音来分辨他是谁时，你所使用的就是听觉编码；当你回忆过去发生的某件事的要点或意义时，你所使用的就是语义编码。

编码阶段发生的活动影响提取阶段回忆的可能性，所以我们要在编码识记与直映、联结和记忆训练等过程中不断地对编码进行精细加工。

（二）联结

联结，是指运用想象力让图像产生互动、关联，使其形成紧密的联系。

在此，我们先来跟随球迷的足迹探寻巴西是怎样成为足球人才的温床的。我们可以预想到的促成因素有：热情、足球传统、组织有力的培训中心、超长的训练时间（巴西足球学校里的年轻队员们每周练习20小时，而英国每周只练习5小时）……这些确实起着作用。但是，诞生巴西足球绝技的关键环节到底在哪里呢?

《足球：巴西人的生活方式》的作者亚历克斯·贝洛斯写道："室内五人制足球是'巴西灵魂的孵化器'。"《一万小时天才理论》的作者丹尼尔·科伊尔写道："每位优秀的巴西球员小时候都玩过室内五人制足球，7到12岁的球员每周都有三天的时间用于练习室内五人制足球，顶尖的巴西球员在这个游戏上都花费了上千小时。”

这背后的道理就在于一堆数字。室内五人制足球球员接触球的次数远多于普通足球球员，通常是多6倍。也就是说，室内五人制足球，把运动员放在精深练习区，强化训练足球的基本技巧，犯错并改正，时刻在解决各种鲜活的问题。由此可知，室内五人制足球是一根杠杆，其他因素诸如气候、热情和贫穷等，通过这根杠杆传递着它们的能量。

如果将记忆运动比作有“世界第一运动”美誉的足球，那么定桩记忆无疑是标准的11人制足球，而联结则是室内五人制足球。

理解了联结的重要作用，我们在记忆训练过程中将进行高质量、高强度的联结训练。

（三）定桩

定桩，是指将信息与记忆桩子相关联。所谓记忆桩子，是指记忆时存储信息的场景，或者说是情景发生的场景。

（四）提取

将储存在长时记忆系统中的特定信息搜寻并抓取出来的过程称为提取。

提取信息的方式可以分为回忆和再认两种。回忆，是指再次生成之前见过的信息；再认，是指对之前见过的刺激的辨认。如果说回忆是一道填空题，那么再认就是一道选择题。就比赛项目而言，快速数字等项目是回忆测试，抽象图形、虚拟历史事件和人名头像等项目则是再认测试与回忆测试的综合。

作为教练，我们常常关注选手的记忆方式和记忆过程，比如听取并诊断选手的联结或记忆过程；同理，我们也要探究选手的提取方式和提取过程。

第三节　记忆训练理念

我们在训练和教研过程中总结出了三条记忆训练理念：及时修正、熟能生巧和一遍准确。

一、熟能生巧

熟能生巧，是指熟练了就能产生巧办法、好办法。出自《镜花缘》第三十一回："九公不必谈了。俗语说的'熟能生巧'。"

记忆力训练过程是一个熟能生巧的过程，我们需要持续不断的思考总结。思考总结包括身心和技术两大部分。其中，身心方面，主要是指身体状态和心理状态的锻炼与提升；技术方面，主要是从编码、联结和定桩三个方面进行精细化加工，并且是螺旋上升式的反复加工，而非一次性的加工。

二、及时修正

记忆训练是一个相对漫长的过程，在这个过程中，我们会遇到一个又一个挑战，也难免会犯许许多多的错误。正是这一个个挑战与错误让我们知晓了拦在面前的种种障碍，跨越它，我们就可以进步一点，所以及时修正是记忆训练旅程中的必备理念之一。

三、一遍准确

过目不忘——形容记忆力非常强的常用语，语出《晋书·苻融载记》："苻融下笔成章，耳闻则育，过目不忘。"对于大部分人来说，过目不忘是一种十分渴望却又难以企及的先天禀赋；对于已然成为和即将成为世界记忆大师的选手而言，过目不忘是一种通过训练可以掌握的后天技能。

在脑力竞技领域，为了更加贴切地表述这项技能，我们暂且称之为"一遍准确"，并尝试着下一个定义：一遍准确，是指运用图像记忆的方法，仅仅将记忆材料记忆一遍，就能够清晰、准确地回忆出来的能力。

第四节　记忆的境界

学医者必须博极医源，精勤不倦，不得道听途说，而言医道已了，深自误哉！

凡大医治病，必当安神定志，无欲无求，先发大慈恻隐之心，誓愿普救含灵之苦。

夫大医之体，欲得澄神内视，望之俨然，宽裕汪汪，不皎不昧。

——《大医精诚》

《大医精诚》一文出自唐代名医孙思邈，是中医学典籍中的一篇重要文献，是习医者所必读。在《大医精诚》中，孙思邈论述了两个问题：第一是精，即要求医者要有精湛的医术，认为医道是“至精至微之事”；第二是诚，要求医者要有高尚的品德修养，以拥有感同身受的心。

由医及忆，记忆的两重境界：第一是忆术在精，第二是忆道在诚。

第一是忆术在精，精湛的忆术源自忘心、专心和恒心。所谓“忘心”就是忘记年龄、忘记身体、忘记烦恼、忘记诱惑、淡化衣食、淡泊名利、淡泊荣辱……忘了它，顺其自然，这就是“忘心”。但“忘心”不是没心，而是该忘的忘、该记的记，在当下关键的事情上还得“专心”。“业精于勤，荒于嬉”，人都是有惰性的，“坚持”二字说起来简单，做起来难，所以拥有“恒心”才有可能实现高效记忆梦想。

第二是忆道在诚，诚源于心——敬畏之心，感同身受之心……

CHAPTER THREE

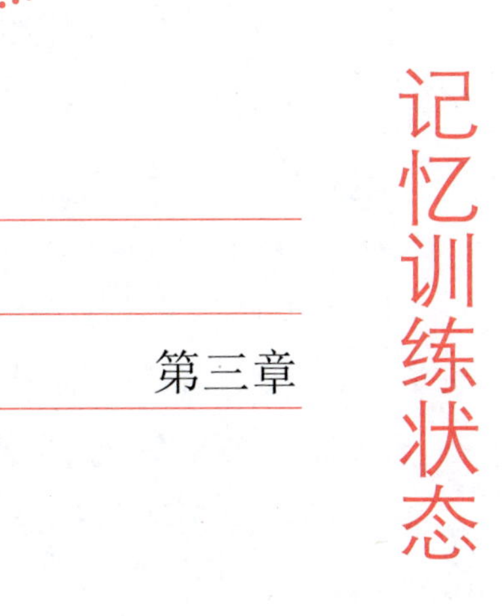

第三章 记忆训练状态

第一节　什么是记忆训练状态

弹奏一首动听的乐曲，需要训练；写得一手好字，需要训练；说得一口流利的外语，需要训练；成为一个优秀的职业运动员，需要训练……成为世界记忆大师，同样需要训练。

同样是训练，有些人的训练效果非常好，有些人的训练却原地踏步。除了记忆技术方面是否科学之外，还有一个重要的方面是选手有没有处于记忆训练状态之中。

如果没有进入记忆训练状态，那很有可能只是在机械地记忆，这样的训练相当于在做无用功。如果进入了记忆训练状态，带着自己的想法与思考，找对自己所需要的方向和目标，则会事半功倍。

那么，什么是记忆训练状态呢？

记忆训练状态是一种愉悦、安宁、轻松、平和、专注的状态，训练计划有条不紊地进行着，没有丝毫的紧张、慌乱、焦虑，也没有哪怕一丁点的烦恼。训练起来很有劲头，充满激情地、全身心地投入到训练或者思考之中；这个世界上除了记忆训练之外的所有事情仿佛都消失了，再也无法引起内心的丝毫波动；思考的时候，无论想多少问题都不觉得疲惫，而且大脑异常灵光，经常跳出各种奇思妙想。

为了更好地理解什么是记忆训练状态，我们尝试着给“记忆训练状态”下一个定义：记忆训练状态，就是在适度压力的推动下，轻松地专注于记忆训练，在身心获得美好体验的同时，持续锻炼、提升和展现自己记忆能力的特定状态。

第二节　怎样进入记忆训练状态

上一节，我们知道了什么是记忆训练状态。那么，我们怎样进入记忆训练状态呢？

一、下定决心

要进入记忆训练状态，需要先下定决心来改变自己，以一个全新的面貌来迎接记忆训练。

尚忆教育记忆大师班的学员，很多成年人辞掉工作、远离家乡，在记忆大师集训基地破釜沉舟、背水一战；很多青少年每逢期末考试结束，就来到训练基地参加集训。这份决心，已经带领他们走上了记忆道路；专业系统的集训，帮助他们在记忆的道路上走得更高更远。

二、放松身心

记忆训练状态就像一扇门，门外的世界很难让我们投入训练，然而如果能打开这扇门走进去，就会发现，记忆的世界很精彩。

当我们下定决心开始记忆训练的时候，我们就来到了记忆训练状态的门前，但是要打开这扇大门，还需要一把钥匙，这把钥匙就是——放松身心！

比如说，每天训练前可以听一首自己喜欢的歌曲，歌曲的类型根据自己的喜好自由选择，安静的、摇滚的、抒情的都可以。每次你听到其中一首歌，就提示你现在需要精神饱满地去训练，去体会你的神奇的记忆之旅，这时候你的心情就放松下来了，训练效果自然会好。

要想在记忆训练时能尽快放松身心、进入最佳状态，那么平常就需要做一些练习，让我们的身心能够经常保持放松的状态。

大家可以尝试一下以下的这段身心放松练习。

首先，我们找到自己最舒适的姿势坐下，可以靠着椅背或者靠着墙壁，双手下垂，只要自己感到放松、舒服就行。以最舒适的方式坐下，轻轻地闭上眼睛。

接下来，进行呼吸调整。深深地吸气，每次的吸气都十倍的深沉，慢慢地呼气，每次的呼气都十倍的放松。吸气的时候，想象把空气中的氧气吸进来，空气从鼻子进入你的身体，流过鼻腔、喉咙，然后进入你的肺部，再渗透到你的血液里，输送到你全身每一个部位、每一个细胞，你的身体充满活力。呼气的时候，想象把你身体中的二氧化碳通通吐出去，也把所有的疲劳、烦恼、紧张通通送出去，让所有的不愉快、不舒服都离你远去。

然后，进行放松，十倍的放松。头顶放松，特别的安静、特别的舒服，紧皱的眉头去掉所有的紧绷，慢慢地舒展开来，特别的放松。脸部放松，仔细去体会自己的脸部，脸上的每一块肌肉都特别的放松、特别的舒展、特别的祥和。颈部放松，从肌肉到颈椎，完完全全地松弛下来，血液流动特别的顺畅。慢慢地，肩部放松，双肩十倍的放松，每一块肌肉都得到放松，暖暖的，非常的舒服。放松的感觉来到前臂，前臂放松了，又来到小臂，小臂放松了，慢慢地，手掌、手指、手指尖都是十倍的放松、十倍的温暖、十倍的舒畅。听到的声音越来越小，外面的嘈杂渐渐消失。胸腹放松……臀部放松……大腿放松……膝盖放松……小腿放松……脚踝放松……脚掌放松……所有的压力、所有紧张不安的情绪都慢慢消散了。

现在，你的心灵跟你的身体都已经放松并放空了。现在，你开始接受对自己有益的建议，而这些建议会进入到你的心灵深处，进入你的潜意识，经由你的心灵力量、潜意识力量，这些建议会成为强而有力的力量，并且可以实现。

现在，在内心告诉自己：每天，在各方面，我都越来越好。

在内心里再一次告诉自己：每天，在各方面，我都越来越好。

再来一次：每天，在各方面，我都越来越好。

……

慢慢地睁开双眼，你感受到身上拥有一股巨大的力量，你能够面对任何的挑战，非常的清醒，慢慢站起来，在房间里走动一下，你现在的感觉非常非常的好！

第三节　怎样保持记忆训练状态

人生就像一段旅程，不必在乎目的地，在乎的是沿途的风景，以及看风景时的心情。

同样，记忆训练，我们在乎的是训练提升的过程，而不是记忆力达到卓越的某个特定时刻。

对于记忆训练的终极结果我们其实不必太计较，关键是，你所经历的训练记忆力的这段人生到底是不是你想要的，你能否从中感受出人生的滋味来；体验过这段经历之后，你是否变得更豁达、更乐观、更祥和了。

所以，保持记忆训练状态的关键是享受过程，不要为过去自己的记忆力不好而苦恼，也不要老是担心未来自己的记忆力能否达到记忆大师的水平。

当然，在训练过程中难免会出现状态不佳、不想训练的情况，这个时候我们有两种选择：

第一种选择：全然接纳这种情况的存在，去仔细体会观察这个感觉带给你的具体感受是什么。或许，下一次突破就来源于你这一次的接纳。

第二种选择：不再继续训练，而是换一个方式，去做自己喜欢的事情。比如，去看看电影、去游乐园玩一玩、唱一唱歌……去做当时自己想去做的事，这样会让你身心舒畅、身心合一，训练状态自然就会回升。

第四节　怎样保持记忆比赛状态

有些选手，平时训练的成绩非常好，但一到比赛就发挥失常；还有些选手，平时训练并不出色，但一到比赛就“超水平”发挥。

为什么会产生这样的差异呢？

这其中很重要的一个原因就是，选手经常会在赛场上感觉紧张。有的选手紧张得无所适从、无法放松，从而偏离了记忆训练状态；有的选手则懂得如何放松身心、享受比赛过程，处于良好的记忆比赛状态中，比赛成绩自然也比较理想。

那么，赛场上有哪些因素会导致紧张，我们又该如何应对并保持良好的记忆比赛状态呢？

首先是外在的比赛环境。当我们身处赛场的时候，整个赛场的氛围、前后左右的陌生选手以及裁判的一举一动很容易让我们感到紧张。

此时，怎样缓解紧张，让自己放松下来呢？有一个很好的方法，那就是冥想。我们只需要用自己的心去观看、体察自己的思绪杂念，任这些扰乱你内心的情绪流淌，不加干涉，不一会儿，心就会慢慢宁静下来。我们还可以想象一些让自己内心安宁的画面，例如可以想象自己站在宁静的湖畔，又或是站在一座高山上，或是躺在一片宁静的大草原上……慢慢就能放松下来。

其次是自我设定的预期目标过高。当我们想要挑战的那个预期目标过高，在挑战时担心不能达到，就容易造成紧张。

这个时候，就要学会把自己的目标调低一点（这个环节一般发生在比赛策略的制定与修订过程中）。当我们设定的目标比较容易达成的时候，你就会发现自己的压力降低了许多，说不定更容易发挥出高水平呢。试想一下，即使这场比赛没有达到我们预期的目标又能怎么样呢？过于关注目标相当于给自己心理设限，你需要挑战的并不是这场比赛，而是昨天的自己。只要能发挥出自己的平均水平，就可以了。

再次，还有一个特别容易紧张的时刻，就是在每项比赛正式开始前，当裁判说“一分钟准备”的时候，那种紧张感很容易又会浮现——心跳马上又加速了，身体紧绷、手心出汗。这个时候，可以尝试着进行深呼吸，让自己的心跳频率逐渐达到平稳的状态，并把注意力放在头脑的地点桩上，紧张感就会降低很多。

此外，比赛成绩也容易造成我们的紧张。

成绩好或许还行，但当有某一个项目发挥不那么理想的时候，就容易影响我们的心情，让我们感到紧张，担心害怕下一个比赛项目的成绩会和上一场一样出现失误。

最好的心态是，对于各个项目的赛后成绩就不要去在乎了，也不要去管为什么没有发挥好。总之，与上一场比赛相关的东西那已经是过去时，事实已经存在，我们根本就无法更改。过分的关注，只会让我们的下一项比赛受到影响。细心观察一下就会发现，顶尖高手都不会过度关注自己上一场比赛的成绩，他们会把更多的注意力放在为下一场比赛做准备上，或者谈论生活中一些开心有趣的事情，让自己放松下来。

第五节　合理的运动和睡眠让你更上一层楼

在整个训练过程中，我们几乎每天都是伏案而作，这对于大脑和身体而言都是一种超负荷的状态。有效缓解这种超负荷状态的方法就是合理的运动和睡眠。

2014年备战世界记忆锦标赛的时候，我们把运动作为整个训练过程中非常重要的一个环节。每天早上6点起床，听张庆祥讲师的黄庭禅站桩半小时，然后跑步2公里，回到家之后，神清气爽。这些看似简单的运动，能改善我们的生理和心理状态，恢复体力和精力。当精气神处于一个非常良好的水平时，我们的训练水平自然也会快速进步。

睡眠主要是为了帮助我们恢复能量。如果我们的睡眠质量不高，我们的大脑反应速度自然会降低，所以好的睡眠是非常有必要的。

午睡可以缓解上午的疲劳，为下午的训练补充足够的能量。午睡时间最好控制在半小时以内，否则，醒来会有不适的感觉。起来后可以适当活动一下，或用冷水洗脸，听听歌曲。

晚上的睡眠决定你第二天的精神状态。相信大家都有过熬夜的经历，也知道熬夜之后第二天的状态是什么样子的。为了保障第二天的精神状态，晚上尽量在10点半之前入睡。有些小伙伴可能会失眠，这时候可以闭着眼睛默想编码或地点桩。编码从00到99，地点桩可以一套一套去回想，不知不觉中，就慢慢入睡了。

在保障了睡眠质量及时间的情况下，第二天起来，我们会感到神清气爽、精力充沛，浑身都充满了能量。这时候，可以好好地活动下筋骨，跑跑步、站站桩、打打坐……都是极好的选择。然后，开开心心地吃个早餐，去发现生活中美好的一面，这样惬意的一天就开始了，你的训练状态也会越来越好。慢慢地养成了规律的作息习惯，你甚至每天早上起来都不需要闹钟。而且，即使每天都投入到相同的流程中去，你也会乐在其中，对生活和训练都充满新鲜感。你所感受到的紧张、焦虑、不安的情绪在不知不觉间也渐行渐远，心中的那份安宁、自在也会慢慢显露出来。

CHAPTER FOUR

第四章

快速数字

第一节　快速数字比赛规则

目标：尽可能以最短的时间记忆最多的随机数字（每行40个数字），并正确回忆出来。有2次比赛机会（第一轮的分数，将于第二轮开始前公布给参赛选手）。

记忆时间：5分钟

回忆时间：15分钟

记忆部分

（1）电脑生成数字，一页25行，每行40个数字，共有1000个/页。

（2）问卷数字的数量为现时世界纪录加上20%。选手如果可以超出世界纪录的20%，可以向组委会提出申请增加数量，但必须在比赛前一个月提出要求。

回忆部分

（1）参赛选手应使用组委会提供的答题纸。如果参赛者想使用自己的答题纸，必须在赛前交给裁判决定。

（2）参赛选手必须在答题纸上按行写清楚，每行40个数字。必须在答题纸上清楚标示其作答的行号（空白行数亦须清楚标示）。

计分方法

（1）如果每行按顺序正确无误地写出40个数字，得40分。

（2）如果一行中出现一处错误（包括漏掉一个数字），得20分。

（3）如果一行中出现两处或以上的错误（包括漏掉数字），得0分。

（4）空白行不会扣分。

（5）只针对最后一行：如果最后一行没有完成（比如只写了29个数字），而且都正确无误，那么写对几个给几分（在此例子中，完全正确得29分）。

如果最后一行没有完成且有一处错误（包括漏写一个数字），则给一半分（如果是奇数，比如是29个数字，得29/2分，四舍五入即15分）。

如果最后一行出现了两处错误（包括漏写数字），得0分。

（6）最高分得主就是胜利者（最高分是从两次机会中获得的较高的那个分数）。

（7）在平分的情况下，优胜者是另一轮得分更高的参赛者。如果参赛者在另一轮中依然平分，裁判将考察每位参赛者最好的那一次答题纸的最后一行（指的是参赛者已经写出来但没有得分的那行）。在这一行，每多写对一个数字，就多得一个决定性的分数。多得决定性分数的参赛者将是优胜者。

第二节　快速数字简介

快速数字是一扇通往全新世界的大门，迈入这扇大门，你的记忆人生将会从此与众不同！

一、快速数字的重要性

快速数字是世界记忆锦标赛十大项目的基本功之一，是助你成为世界记忆大师的最佳入门训练！

（一）从记忆法角度分析

世界记忆锦标赛十大比赛项目都是采用图像记忆法。通过一定强度的快速数字训练，可以在相对较短的时间内掌握这一方法。在快速数字训练过程中，我们对图像记忆法的理解会不断深入，进而可以举一反三，将其应用于十大比赛项目。

（二）从编码角度分析

快速数字的编码相对统一、成熟，在训练初期易于理解和上手训练。

在世界记忆锦标赛十大比赛项目中，有八个项目直接使用快速数字的编码，即快速数字、快速扑克、1小时数字、1小时扑克、听记数字、二进制数字、虚拟历史事件、抽象图形（大部分选手的抽象图形编码会涉及大量数字编码）。

快速数字一般只有100个编码，相对于人名头像和随机词汇等项目，其数量相对有限；相对于快速扑克的52个编码和二进制数字的77个编码，快速数字的编码又是相对完整的。

二、快速数字训练的意义

数字训练的意义非常重大，我们不仅是为了比赛、为了表演，而是为了挑战自我极限、为了保持大脑的高度专注能力、为了从根本上提升记忆能力。

第一，数字记忆训练是世界通用的。阿拉伯数字全世界都一样，不分国家和地域。

第二，数字是日常生活、学习和工作中很常见的内容，每个人都少不了要经常记一些数字资料。通过数字记忆训练，能让我们在记忆数字资料的时候更轻松、更高效。

第三，通过数字记忆训练，对中文词语的记忆训练也有很大帮助。因为数字编码从另一个角度而言也是中文词语编码，在记忆数字的时候其实也就相当于在记忆中文词语。

第四，也是最重要的，数字记忆训练，能不断挑战我们的记忆速度极限，让我们在高速的清晰想象之中保持高度专注的状态，这对全面提高我们的记忆能力，甚至对深入开发大脑潜能，都有很大的帮助。这就是数字记忆训练的伟大意义！

在很大程度上，数字记忆训练等同于专注力训练、快速想象训练、精神成像训练和梦想清晰训练。

所以，我们应该好好地进行数字记忆训练，努力提高自己的数字记忆速度、记忆广度和记忆准确率！

三、快速数字记忆方法简介

在世界记忆锦标赛中，记忆快速数字主要采用地点定桩法。在此，以记忆一行数字为例进行简要说明（40个数字）：

（1）准备阶段：做好准备并回忆10个地点桩。

（2）记忆阶段：在每个地点桩上放2个数字编码（每个数字编码代表2位数），同时发生紧密联结。

（3）回忆阶段：在脑海中依次走过每一个地点桩，快速准确地回忆起刚刚记住的40个数字。

四、快速数字训练方法简介

以快速数字为基本功的世界记忆锦标赛十大比赛项目，训练方法主要包括训练流程、训练旅程、记忆节奏和记忆状态四个方面。

第三节　数字编码

一、数字编码的定义

对于大部分人而言，记忆一长串数字是非常困难的。难点主要在于数字本身是抽象的，脱离了其所在的使用环境，它几乎是毫无意义的。

在记忆训练领域，为了提升数字记忆效率和效果，我们会给每个数字定义一个编码。那么什么是数字编码呢?

在回答这个问题前，我们先来听一首儿歌：“1像铅笔细又长，2像小鸭水上漂，3像耳朵听声音，4像红旗迎风飘，5像秤钩称东西，6像豆芽咧嘴笑，7像镰刀割青草，8像麻花拧一遭，9像勺子能盛饭……”不经意之间，我们就将数字转化成了日常生活中十分熟悉、丰富多彩、饱含情感的物品，其实这就是数字编码。

在此，我尝试着给数字编码下一个定义：数字编码，是指在运用图像记忆法来记忆抽象的、无规律的数字时赋予每个数字的特定形象。赋予的特定形象是跟这个数字紧密相关的、生动有趣且又为我们所熟知的具体形象。赋予的途径与桥梁（也就是常说的编码方式）主要有以下几种：象形法（形象相似）、谐音法（读音相似，可以用普通话、方言、外语等）、特定含义法等。例如，上面这首儿歌就是象形法的典型应用；谐音法，如12婴儿、13医生、14钥匙等；特定含义法，如1949年建国，我们就可以将49的编码定义为毛泽东、天安门或国徽。

如果把数字记忆比作演出，那么100个数字编码就是100名各具特色的演员。当然，刚入行时，他们也只是一个个默默无闻的群众演员；在演出的过程中，一步步成长为耀眼的明星。接下来，我们就开启这段美妙的成长历程吧。如果数字编码是演员，那么作为训练主体的选手就是编剧、导演和观众。

二、数字编码表

数字	编码	数字	编码	数字	编码	数字	编码
01	树	26	河流	51	狐狸	76	犀牛
02	鸭子	27	耳机	52	斧儿	77	机器人
03	耳朵	28	恶霸	53	火山	78	青蛙
04	红旗	29	史努比	54	注射器	79	气球
05	钩子	30	毛毛虫	55	火车	80	巴黎铁塔
06	勺子	31	鲨鱼	56	蜗牛	81	蚂蚁
07	钉耙	32	扇儿	57	武器	82	靶儿
08	葫芦	33	钻石	58	火把	83	花生
09	球拍	34	雨伞	59	乌龟	84	巴士

10	棒球	35	松鼠	60	榴莲	85	白兔
11	筷子	36	山鹿	61	书包	86	大刀
12	婴儿	37	相机	62	驴儿	87	白棋
13	医生	38	沙发	63	流沙	88	爸爸
14	钥匙	39	三角尺	64	牛屎	89	芭蕉
15	鹦鹉	40	司令	65	老虎	90	精灵
16	杨柳	41	司仪	66	溜溜球	91	球衣
17	仪器	42	柿儿	67	油漆	92	球儿
18	泥巴	43	石山	68	喇叭	93	救生圈
19	药酒	44	狮子	69	太极	94	黑板擦
20	摩托车	45	师父	70	麒麟	95	担架
21	鳄鱼	46	石榴	71	机翼	96	酒楼
22	双头龙	47	方向盘	72	企鹅	97	手机
23	和尚	48	石板	73	鸡蛋	98	酒杯
24	盒子	49	手铐	74	骑士	99	双锤
25	二胡	50	高手	75	蜘蛛侠	00	功夫熊猫

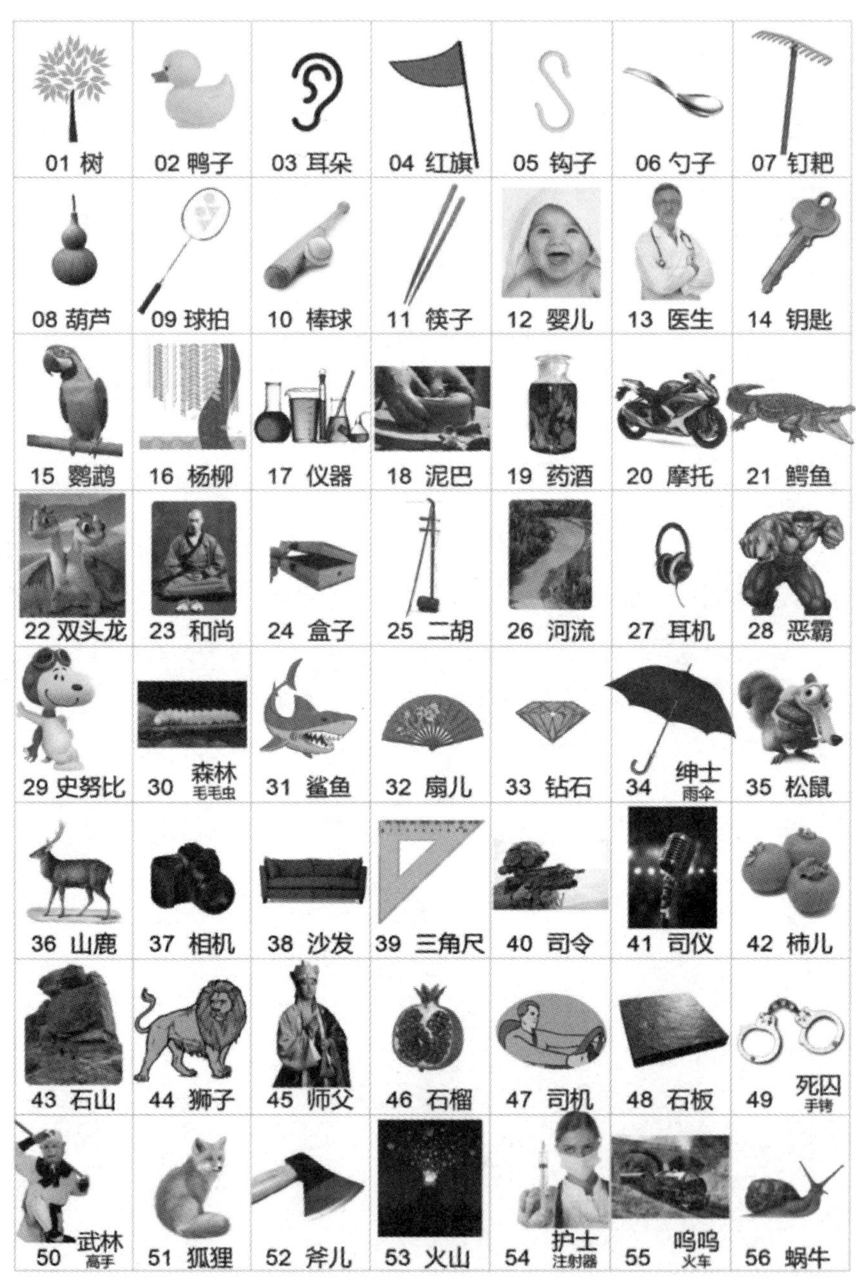
01 树
02 鸭子
03 耳朵
04 红旗
05 钩子
06 勺子
07 钉耙
08 葫芦
09 球拍
10 棒球
11 筷子
12 婴儿
13 医生
14 钥匙
15 鹦鹉
16 杨柳
17 仪器
18 泥巴
19 药酒
20 摩托
21 鳄鱼
22 双头龙
23 和尚
24 盒子
25 二胡
26 河流
27 耳机
28 恶霸
29 史努比
30 森林 毛毛虫
31 鲨鱼
32 扇儿
33 钻石
34 绅士 雨伞
35 松鼠
36 山鹿
37 相机
38 沙发
39 三角尺
40 司令
41 司仪
42 柿儿
43 石山
44 狮子
45 师父
46 石榴
47 司机
48 石板
49 死囚 手铐
50 武林 高手
51 狐狸
52 斧儿
53 火山
54 护士 注射器
55 呜呜 火车
56 蜗牛

57 武器 58 火把 59 乌龟 60 榴莲 61 儿童书包 62 驴儿 63 流沙
64 牛屎 65 老虎 66 溜溜球 67 油漆 68 喇叭 69 太极 70 麒麟
71 机翼 72 企鹅 73 鸡蛋 74 骑士 75 蜘蛛 76 犀牛 77 机器人
78 青蛙 79 气球 80 巴黎 81 蚂蚁 82 靶儿 83 花生 84 巴士
85 白兔 86 八路大刀 87 白棋 88 爸爸 89 芭蕉 90 精灵 91 球衣
92 球儿 93 救生圈 94 教师 95 救护担架 96 酒楼 97 手机 98 酒吧酒杯
99 双锤 00 熊猫 1 鱼 2 鹅 3 虾 4 蟹 5 猪
6 牛 7 鸡 8 马 9 狗 10 蛇 0 梨

三、数字编码识记训练

对于识记数字编码，我们按照化整为零、各个击破和由浅入深的原则，运用一系列方法来熟悉编码，为下一步直映训练打好基础。

（一）初步识记数字编码

对于100个数字编码，从头到尾学习几遍，熟悉每个数字的编码方式，并对编码进行初步识记。其一，编码方式示例，比如，01树，象形，笔直的树干像1；12婴儿，谐音，12（读作yi er）读起来像婴儿。其二，学习的时候每10个编码复习一次，学完100个再进行总复习。

从1到100，按顺序把100个数字的编码背诵出来。同上，每10个数字一组，把100个数字划分成10个小组；这样，每攻克一个小组，我们就能获得一份小小的成就感，最终将100个数字编码全都成功拿下。背的时候可以发出声音，就像背书那样；不方便的时候，则可以在心中默念。背诵效果的要求是能够清楚、流畅地背诵，具体要求是在60秒内很顺畅地把100个编码从头到尾全部背诵出来。刚开始，可以随时随地背诵，然后，则需要对着秒表来检查自己的背诵速度。

如果从数字联想起相应的编码不太容易，可以反复强化或者运用联想来加强记忆：

联想方法一：首先，完全熟悉1～9这9个数字编码；然后，把相应的数字拆解开进行联想。例如31（鲨鱼），拆解为3（金元宝）和1（树），可以这样联想：一锭金灿灿的巨大的元宝从天而降，砸倒了大树，大树压在鲨鱼身上。当想不起31的编码时，就可以这样把“鲨鱼”联想出来。

联想方法二：借助前面熟悉的数字编码，运用想象力联想出后面的数字编码。例如13（听诊器），可以借助前面熟悉的12（婴儿），联想为一个婴儿在玩耍一个听诊器。当想不起13的编码时，就可以这样把“听诊器”联想出来。

（二）深入识记数字编码

我们所有的记忆和想象都来自于六感输入和生成的各种信号的排列组合。深入识记数字编码，我们主要运用“六感”观察和观想数字编码。

何谓六感？一是，六种感官：眼、耳、鼻、舌、身、心，其中心是指内心或心灵，这是一个场，一个生命场、能量场和情感场；一是，六种感觉：视觉、听觉、嗅觉、味觉、触觉和内心感觉。

“观察”我们都比较熟悉，那何谓“观想”呢？观想并不是用第六意识的妄想去观，而是把自己的心念集中在一点上。比如说日轮观，什么是日轮观呢？我问你个问题：“今天早上起来，看到太阳没有？”我一提到太阳，你有没有太阳的影子？有，是吧。好，定住这个境界就是观想，用不着另外再去想办法。此时，你还可以讲话，也可以活动肢体，甚至妄想非非，但是，内心始终还有太阳的影像。同理，数字编码的观想，也就是把数字编码的影像定在心中。训练到炉火纯青的程度，即可随时随地、随心所欲、很自然地观想数字编码。

训练初期，观察和“想”相结合，对于每一个数字编码，先观察，然后专一地想；循环往复，想纯熟了，自然就呈现出“观”的境界。具体地说，就是在身心放松的状态下，先运用六感盯着编码图像观察5秒，观察的时候一眼就摄取整个图像；轻轻闭上眼睛，“想”编码5秒，此时我们或许会想到编码的一部分特征；再运用六感盯着编码图像观察5秒，闭上眼睛“想”编码5秒，此时我们或许会比刚才想得更丰富一些……循环往复，必将呈现出清晰完整、富有感觉的图像。

训练中后期，功力不断加深，想念专一，达到“心一境性”时，则可以不假思索地“观”境现前，呈现出编码影像。同时，我们也可以借鉴NLP的一些方法，在观想中划分出几类次感元，对这些图像进行放大、缩小，以及进行明暗、颜色的随意调整，辅助我们进行观想训练。

在观察和观想训练过程中，注意抓取每个编码鲜明、与众不同的特征，看到颜色、听到声音、摸到质感、感觉情绪……尽量让每个编码都个性突出、活灵活现。

在此，我们着重详解“观想”数字编码。在做记忆训练时，我们特别需要想象力。很多时候，我们的记忆不深刻，就是因为缺乏这种用想象虚拟现实的技能。我们看到记忆资料的时候，我们的眼睛接受到的只是书面字符形状的变化，而当下环境中的景象、声音、气味、味道和触感与我们正在阅读的记忆资料中所指向的内容往往并不相关，正是这样一种矛盾导致我们对记忆资料的记忆总难比现实经验的好。而六感想象技术则可以让我们跳出当下，用想象建构一个和现实经历几乎等效的深刻印象。比如，当我们训练到某个编码“大象”时，当下眼睛中只能看到纸面上的抽象字符，这种信息的输入量非常小，在头脑中很难激发起感官和记忆的强烈活动。而如果此时我们能应用六感想象技术，则依次从视觉、听觉、嗅觉、味觉、触觉、内心感觉的角度展开想象，会发生什么现象呢？首先，问自己从内心能看到什么？比如，可以想象看到大象庞大的身躯、灰白的肤色、长长的鼻子、尖尖的象牙、明亮圆月般的眼睛。然后，问自己从内心能听到什么？比如，可以听到大象响亮的鸣叫、轰隆的脚步声、鼻子喷水的嘶嘶声。然后，问自己能闻到什么气味？可以想象你能闻到大象身上清新的青草泥土气味。然后，再问自己能联想到什么味道？因为大象喜欢青草，你也许没有吃过草，但是你可以联想到吃蔬菜时的味道。然后，再问自己能联想到哪些相关的触觉？比如，可以想象抚摸大象厚实光滑而又温暖的皮肤、被大象的鼻子卷起的勒紧感、被大象尖牙刺到的痛感等。然后，再问自己能联想到什么样的内心感觉？比如，可以想到大象的记忆力很好、非常聪明，或者感觉大象很温和抑或很残暴。这样，整个六感想象程序就完成了，是不是很简易呢？是不是有身临其境的感觉呢？按照这套六感想象程序持续训练，你将拥有非凡的想象力，从此看数非数，见字非字，而是一个个小宇宙，一个个多姿多彩的世界缩影。

四、数字编码直映训练

所谓直映训练，就快速数字项目而言，就是在看到数字的时候直接反应出图像清晰完整、富有感受的编码。直映训练的原理在于激活潜能，培养选手直接将感觉器官感知到的符号转换成图像，消除头脑中潜在的转换步骤，形成直映式的吸收信息方式，实现记忆提速的飞跃。

科学研究表明：①人的每只眼睛有1亿3000万个光接收器，每个光接收器每秒可吸收5个光子（光能量束），可区分1000多万种颜色；②人眼通过协调动作，其中的光接收器可以在不到1秒钟的时间内以超级精度对一幅含有10亿个信息的景物进行解码。由于人眼的器质优势和人脑的无限潜能，只要通过科学、系统的训练，激活潜能，我们就可以像录像一样将情景直接以图像存入右脑，即直映。

（一）快速数字直映训练流程

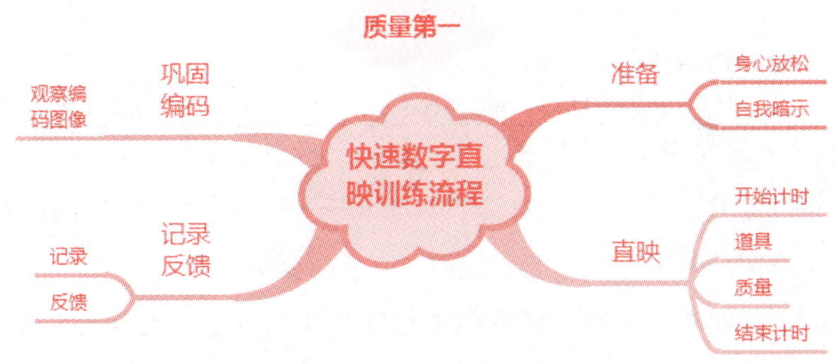

快速数字直映训练流程主要包括准备、直映、记录反馈和巩固编码四个

阶段。

1. 准备

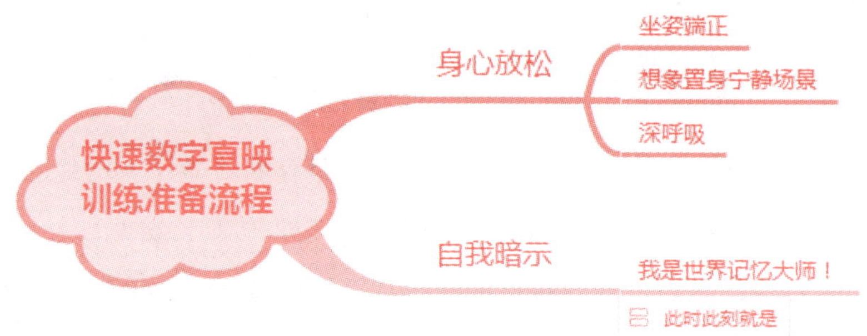

准备是指在训练开始前所做的身心放松和自我暗示，比如说端正坐姿、想象蓝天白云等宁静的场景、深呼吸、暗示“我是世界记忆大师！”，以期帮助我们快速进入记忆状态。

2. 直映

计时开始，将数字以编码形式输入大脑。直映活动结束，停止计时。

2.1　直映训练之数字卡片

我们可以将一摞数字卡片倒扣在桌子上，一张张翻开进行直映，把直映顺利的卡片放在一边，把辨认速度较慢的卡片放在另一边。

2.2　直映训练之随机数表

下面以随机数表为例进行直映训练。

1 4 1 5 9 2 6 5 3 5 8 9 7 9 3 2 3 8 4 6 2 6 4 3 3 8 3 2 7 9 5 0 2 8 8 4 1 9 7 1 Row 1

14——拿起略显陈旧的铜钥匙去插（像开锁一样）；15——一只漂亮的鹦鹉用它倒钩状的嘴巴啄东西；92——一个漂亮彩色斑纹的足球（篮球）……我们脑海里浮现出清晰完整、富有感受的图像。

刚开始的时候，看到密密麻麻的数字，我们可能会眼晕或串行，所以刚开始可以使用笔或手指指点，在训练中慢慢丢掉拐棍，达到仅用眼睛扫看、不借助外部工具的水平。另外，将训练过程中卡壳的数字标注出来，并在每一轮训练结束后立即拿出数字编码表（图像文档）巩固强化。

3. 记录反馈

记录直映训练单位和时间，把问题和好想法也简要地记录下来作为思考总结的素材，并及时肯定和鼓励自己。

每次训练都用秒表计时并书写记录下来，这样可以在训练过程中不断体验一个又一个的小成就，激励自己坚持训练，也方便我们回顾自己的成长足迹。

4. 巩固编码

每当做完一轮直映训练后，就拿出编码表（图像文档）查看巩固一遍。之后，再投入下一轮的直映训练，循环往复。特别强调，每一轮训练都必须一次性完成，过程中可以标注不熟悉的数字，但不得中断训练步伐。每一轮训练结束后，对于不熟悉的部分运用反复强化或联想来加强记忆，直到完全熟悉为止。

（二）快速数字直映训练旅程

运用随机数表进行直映训练，从1行（40个数字）起步，训练目标为20秒/行。

如果40个数字的直映训练已经非常流畅，就升级为一次训练5行……依此类推，一次训练1页乃至更多，直至开始大量联结和记忆时停止直映训练。此时，你再回头训练40个数字，会发现非常轻松自如，而且速度已经大幅提升，所以40个数字的直映训练达到20秒，并不是一直反复练习40个数字，而是当你练到更多数量的时候才突然达到的。

第四节　快速数字联结

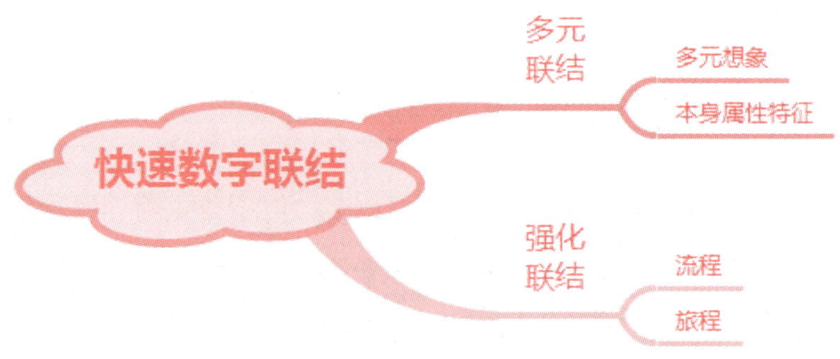

一、快速数字多元联结

刚开始进行联结训练的时候，可以任由我们的大脑漫天想象，每一组图像至少想出三种联结方式，想象得清晰、具体、丰富、有趣。放下自己内心的种种念头，铭记：这仅仅只是一个体验过程。你只要保持放松，放飞你的想象，任由你的思绪自然地运作，相信你的大脑，它会自动自发地展现出完美的图像并发生关联；相信你的大脑，它必将会给你带来意想不到的记忆效果。我们可以用比赛试题进行联结训练，也可以按照顺序将每个数字与所有数字进行联结训练（同样也是想出三种以上联结方式）。

二、快速数字强化联结

在经过一段时间的多元联结训练后，我们要从编码本身的属性特征出发，展开想象，并从中选择贴合编码属性特征的联结方式。例如76犀牛，犀牛低着头用角抵编码2的头部（编码2头部受到重创，整个身体也被抵得往后退），联结示范7684，犀牛低着头用角抵巴士的车头（巴士车头受到重创，整辆巴士也被抵得往后退）。

（一）快速数字联结训练流程

1. 准备

在开始训练前，先要做身心放松和自我暗示等准备活动来提升训练效果。

2. 联结

按下秒表开始计时并同步开始联结，结束时停止计时。

在此，我们以一行数字为例进行联结示范：

1 4 1 5 9 2 6 5 3 5 8 9 7 9 3 2 3 8 4 6 2 6 4 3 3 8 3 2 7 9 5 0 2 8 8 4 1 9 7 1 Row 1

1415，拿起钥匙插入鹦鹉屁股，鹦鹉作出痛苦挣扎的反应；9265，足球砸落在老虎肚子上，老虎的肚子凹下去一块儿（球形）……

3. 回忆核对

看到第1个数字，回忆第2个数字并予以核对。

4. 记录反馈

记录联结单位、时间和准确个数（可选项）；同时，把问题和好想法也简要地记录下来，作为思考总结的素材。作出反馈，及时肯定和鼓励自己。

5. 巩固编码

每轮训练结束后，观察编码图像。特别强调，在训练过程中不得随意中断。每一轮训练完毕以后，继续投入到下一轮训练中，直至完成自己的训练目标。

6. 精细加工

足球教练们指出，仅凭一股蛮力带球冲向前场无法让你突破重围，足球就是寻找角度和空隙，给其他队员精准、快速的传球，这是最重要的。所以，在日常训练中，球员踢越小越重的球进行精深练习越能掌握更加精准的控球技巧。

同理，在强化训练的过程中（强调身经百战的历练与成长，而非纸上谈兵）我们慢慢体会哪种联结方式更好用，逐步把它固化下来，也就是从联结方式上进行精简。同时，精雕细琢联结方式，编码1以怎样的情感、用什么部位、以什么角度……展开主动联结，编码2以怎样的感受、在什么部位、以什么方位……被动接受联结，编码1和编码2跟地点桩形成怎样的关联等。此外，还要精简时间，也就是把图像联结像拍照那样定格在一瞬间。100个数字编码的联结方式要各不相同，相互之间保持足够的区分度；同时，要借助左脑的逻辑思维来平衡右脑的想象力，防止过度。

在接下来的持续训练中，通过进一步的强化训练达到条件反射般快速又稳固的联结。

（二）快速数字联结训练旅程

对于联结训练，从1行（40个数字）起步。如果40个数字的联结训练已经非常流畅，就升级为一次训练0.5页；如果0.5页的联结训练也非常流畅，就升级为一次训练1页……依此类推，逐次提升，直至达到6分钟/页的联结训练目标。

第五节　快速数字记忆

一、快速数字记忆方法

快速数字主要采用地点定桩法进行记忆，简单地说，就是在每个地点桩上放两个数字编码。所谓地点桩，是一系列有固定顺序的空间或物体。它一是给我们的图像记忆提供了表演的舞台；二是给我们提供了回忆的线索，或者说给我们提供了回忆的参照物。

二、快速数字记忆训练方法

快速数字记忆的训练方法包括快速数字记忆训练流程、快速数字记忆训练旅程、记忆节奏和记忆状态四个方面。

（一）快速数字记忆训练流程

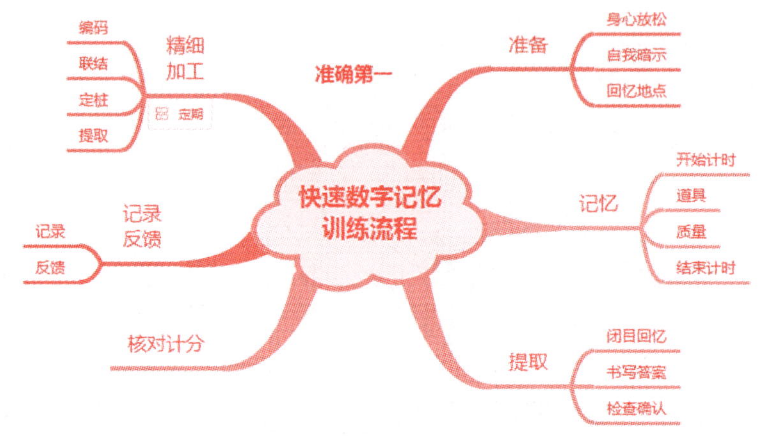

1. 准备

在开始记忆以前，先要做以下准备活动：一是放松身心，二是积极的自我暗示，三是回忆地点桩，来帮助我们达到更好的训练效果。

1.1　放松身心

端坐在椅子上（身体放松、舒适），轻轻闭上眼睛，匀长地深呼吸，想象蓝蓝的天空，想象一朵朵白云，想象天空中有一个五彩斑斓的气球，吸气——想象从五彩气球里吸入纯洁、干净的空气和宇宙光明的正能量，并且伴随着吸气浑身散发着闪闪金光，呼气——想象呼出体内的垃圾和负能量……慢慢让自己的身心进入平和的状态。

1.2　自我暗示

接下来，在心里默默地对自己说："清晰、准确、快速""我能100%地记住""我的记忆力非常棒""我的记忆力超乎想象""我是世界记忆大师"……我们的潜意识不会辨别真假，它会对我们输入的所有信息都信以为真。想象一下自己准确记忆一行数字的美好画面，带着这样的好心情开始记忆之旅。

1.3　回忆地点

一般在记忆之前，我们会在脑海中回忆或者说“走过”每一个地点桩，为记忆做好准备。一般我们从两个层面回忆地点桩，其一是整体，其二是局部。在整体上，我们是按顺序和节奏回忆地点桩，因为地点桩本身是有顺序的，所以我们要按顺序回忆；同时，我们还要按照与记忆节奏相匹配的节奏来回忆地点桩，就好像我们开车有一个加速过程一样，在快速数字记忆训练中，准备环节我们就要做好加速的准备。在局部的每一个地点桩上，我们要追寻着行进路线并始终保持合适的视角去观察每一个地点，而且要有身临其境的感觉。

2. 记忆

按下秒表开始计时并同步开始记忆，记忆结束时再次按下秒表停止计时。

1 4 1 5 9 2 6 5 3 5 8 9 7 9 3 2 3 8 4 6 2 6 4 3 3 8 3 2 7 9 5 0 2 8 8 4 1 9 7 1 Row 1

地点1——盆栽1415

慢动作展示：出现第一个编码——钥匙，将钥匙从上而下插入鹦鹉背部（这个情景发生在盆栽下部与地板相接的部位）。

注1：使用地点桩进行记忆的时候，我们一般将第一个编码与第二个编码发生联系，关联动作的结果对地点桩造成影响，或者说致使地点桩发生变化。进一步来说，一般是第一个编码主动对第二个编码发生动作（说明：在竞技比赛时，我们很少使用相对繁冗复杂的故事法，而是大量运用简洁的动作来联结图像），第二个编码被动接受动作即可（无需反抗）。

注2：赋予编码动作时一般结合编码本身的属性特征，比如“钥匙”用“插入”、“球儿”用“碰”……

注3：记忆时，在脑海里直接浮现出编码正在做当下这个事情/动作的画面，优先使用图像之间有真实物理接触的联结方式。

注4：因为一个地点桩上有两个编码，所以这两个编码的先后顺序一定要鲜明，一般使用先上后下、先左后右、从前到后、由内而外……来强化区分数字编码的先后顺序。

注5：在记忆的时候，除了使用图像记忆方式外，还可以融合声音记忆、感觉记忆（嗅觉、味觉、触觉等）、情感记忆等多种记忆方式，多种记忆方式的综合运用会达到更好的记忆效果。比如说，鹦鹉还发出撕心裂肺的惨叫声、感受到极强的疼痛……

注6：记忆过程中，我们可以运用想象对有些编码进行适当的加工处理，比如形体上的放大或缩小，14钥匙可以适当放大，43石山可以适当缩小。

注7：记忆过程中尽量不要发出声音（声音会在一定程度上影响记忆速度和记忆节奏），假如经过大量训练后还是无法消声，则尽量采取默读，以免在赛场上干扰周边的选手。

地点2——窗户9265

正常记忆：足球砸到老虎肚子上（砸出一个球形的凹陷），足球顶着老虎撞破了窗户（左侧那扇窗户的中央，定格在老虎身子卡在窗户上的那一瞬间）。

注1：图像与图像之间的联结要尽量夸张、生动，但是也不要漫无边际，一般是在符合编码本身属性特征的基础上进行适当的夸张。

注2：我们一般不对静态的物体作拟人化处理，比如“足球拿着玫瑰向球门求婚”，这样严重偏离了足球本身的特征，不利于回忆。

注3：图像联结尽量不要使用“和”“在上面”“在旁边”等联结方式，因为这基本上是静态画面，缺乏动感，关联度很弱，容易遗忘。

注4：我们尽量不要想象某个编码像什么或某个编码变成了什么，因为这样缺乏动作联结且可以发生太多变化（比如孙悟空有七十二般变化），导致两个图像之间的关联很弱，容易忘记。

注5：在竞技记忆训练和比赛时，为了追求更快、更准，我们一般会将动作发生的瞬间定格下来。

注6：在实际记忆过程中，我们凭借脑海中的图像进行记忆，而不是看着数字编码表上的图像。

地点3——台灯3589

正常记忆：一只来自冰河世纪的松鼠在台灯上打洞，挖出了好多香蕉。

地点4——书架7932

正常记忆：几个彩色的气球往上飘，绳子的末端牵扯着卡在书架上的那把扇子（感觉：气球拽着扇子往天空上飘，但是被卡住了）。

地点5——钢琴3846

正常记忆：沙发靠背将石榴挤压到钢琴上，流出了红色的、甘甜的石榴汁。

刚刚，我们已经记完了20个数字，现在可以闭目回想一下每个地点桩，你就会发现每个地点桩上的“演出”又再次呈现出来，依据这些画面你就可以轻松地回忆出这20个数字，而你需要做的只是将这些画面翻译成数字。

这一行还剩下20个数字，从你现在所处的环境中找5个地点桩，发挥你的想象力，将它们记下来，加油！

3. 提取

先闭目回忆，回忆完毕，再将记忆内容整齐规范地书写在回忆卷上。书写时建议使用中性笔、油笔等不易涂抹的文具。

书写完毕，立即仔细检查。一旦发现笔误等错误，按照清晰、规范的原则进行更改。常用的更改方式有：①将错误内容划掉，在同一单元格的空白处重新书写；②将错误内容划掉，在回忆卷的空白处重新书写，同时用箭头标注并用简洁明了的句子予以描述。

4. 核对计分

按照计分规则计分。

5. 记录反馈

将原始分和记忆时间记录下来，同时把问题和好想法也简要记录下来，作为思考总结的素材。

不论结果怎样，都要及时肯定和鼓励自己：完全正确或取得进步，给自己一个发自内心的赞美和表扬；出现失误与问题，就开心地告诉自己：“太棒了，这是一次自我提升的好机会。”

每一轮完毕后，立即投入到下一轮记忆训练中，直至完成自己的训练目标（遵循训练数量和准确行数就高原则）。

6. 精细加工

训练过程中出现问题并不可怕，只要我们认真思考、及时总结，找到问题根源并立即纠正，每一个问题都会成为我们进步的阶梯。在技术上，我们主要从编码、联结、定桩和提取四个方面进行精细加工。

（二）快速数字记忆训练旅程

数字记忆，从每次记忆1行起步，训练目标≤10秒/40个数字、5分钟准确记忆280个数字以上。当10次记忆有8次以上全对且记忆节奏流畅时，就升级为每次记忆2行；每次记忆2行数字，当10次记忆有8次以上全对且记忆节奏流畅时，就升级为每次记忆3行……依此类推，依据经验值依次升级。

而后，你再回头记忆40个，会发现更加轻松自如，而且时间更短了，所以记忆40个数字达到10秒以内，并不是一直练习40个，而是当你练到更多数量的时候才突然达到的。

快速数字记忆训练的里程碑参考：

入门级：5分钟40个

普通级：5分钟80个

达人级：5分钟160个

高手级：5分钟200个

大师级：5分钟280个

冠军级：5分钟480个

三、快速数字记忆练习

下面是一份快速数字的练习题，现在让我们开始美妙的数字记忆练习吧！

0 1 4 3 3 6 1 5 9 8 6 3 5 6 6 8 6 0 7 2 0 4 6 5 6 4 4 8 8 5 9 5 5 3 7 4 7 1 6 3 Row1

1 5 7 6 5 0 8 2 5 1 8 4 8 2 3 5 4 7 1 2 1 8 2 0 6 1 8 0 8 2 2 0 4 9 3 8 1 1 7 5 Row2

1 3 6 7 4 6 6 5 5 9 8 8 2 3 6 8 6 7 5 2 4 0 6 6 4 7 4 3 0 9 9 6 5 5 5 2 8 4 6 4 Row3

3 2 5 1 6 7 9 9 6 1 8 3 0 2 8 9 0 0 2 7 0 3 1 5 3 9 2 6 4 8 8 5 1 3 3 1 3 2 8 0 Row4

4 9 7 8 0 3 8 1 4 7 9 5 8 7 5 6 6 9 1 9 9 6 1 5 8 5 0 9 8 1 0 3 9 1 5 4 0 5 0 5 Row5

现在，请将答案书写在下面这份表格中。

																																								Row1
																																								Row2
																																								Row3
																																								Row4
																																								Row5

第六节　快速数字小结

世界记忆锦标赛十大比赛项目，包括快速数字，大都是在保证质量的前提下追求更快的记忆速度和更大的记忆数量。

快速数字的记忆质量和速度在技术层面上主要取决于三个因素：数字编码、联结和地点桩。这三个因素中任何一个得到加强，都可以提升记忆力；相反，任何一个因素不达标，都会对记忆力造成干扰。从快速数字训练的整个周期来看，我们要持续不断地精心打造和精细加工这三个要素。

快速数字记忆训练是最基础而又最有效的基本功，它极大地锻炼了编码能力、联结能力和定桩记忆三项核心技能。可以说，只要练好快速数字，其他项目的训练都能以此为基础，相对快速地达到较高的训练水平。在此基础上，我们只需三个多月的强化训练和模拟演练就可以轻松应付世界记忆锦标赛的十大比赛项目，达到世界记忆大师的标准，推动全球记忆运动的发展！

第七节 快速数字常见问题与解答

问题1：编码直映时，图像不清晰怎么办?

答：编码图像不清晰的解决方法如下：

（1）可以到网上去找寻与自己脑海中最匹配的图片，进行观想。

（2）在脑中回忆细节，包括颜色、材质、大小、形状等。经过大量的练习与思考，会逐步清晰起来。

（3）刚开始不是特别清晰也没有太大关系，也不是说要非常清晰，只要能够去想象就可以了，再多加一些内心的感受。

问题2：以前自己编了一套不是很好的数字编码，现在训练快一个月了，想大量修改数字编码，不知是否合适?

答：首先数字编码本身没有好坏之分，只有说相对而言哪个更适合自己。

其次在训练过程中，我们不建议一次性更改大量的数字编码。

更换以及优化编码是整个训练过程中必须要经历的一步，没有说哪个选手的编码是始终不变的，因为每个人的经历、知识储备和认知层次等都不一样，这也是每一个选手的编码都不尽相同的原因。

我们对于编码不要想着一劳永逸，这次换了之后再也不换，因为随着你的水平的提高，你对编码的要求也会逐渐地提高，所以更改优化编码是一个长期的过程。我们需要注意的是，合理控制优化的频率和数量，比如1 ~ 2周优化2 ~ 3个编码。

问题3：想问一下，在记忆前回忆编码和地点，如果多想一想它们的颜色、材质等信息，是不是会有助于提高记忆的准确率?

答：我们在记忆前的准备，技术层面上一个是地点，一个是编码。回忆这两个时尽量在脑海中看到一些细节，如颜色、材质、大小、形状等，使脑海中的图像更加清晰化。这样在记忆阶段，你的印象会深很多，准确率自然也会更高。

问题4：我5分钟快速数字停留在200个已经快1个月了，为什么一直不能突破?

答：这个问题在心理篇也有提到过，同样是训练，有些人的训练效果非常好，有些人的训练却原地踏步。除了训练方法是否科学之外，还有一个关键点是你有没有进入训练状态。没有进入状态的训练相当于在做无用功，机械式的记忆无法取得进步。进入训练状态之后，带着自己的想法与思考，找对自己所需要的方向和目标，则会事半功倍。这里一定要注意想法与思考，还有你的目标以及你平时对自己训练的总结，这些是你进入到下一步的关键点，当然都是建立在你的训练量的基础上的。

问题5：我在记忆的时候老是感觉内心需要把编码读出来才能记得住，不读出来就感觉不踏实，怎么解决这个问题?

答：关于音读，不要刻意在乎这个，从本质上来说是很难消除的（你应该发现了，你正在内心默读这段文字）。另一方面，当我们的记忆速度达到很高了之后，音读出现的频率也会渐渐减少。

在整个训练过程中，出现问题是不可避免的，不同的阶段问题也不一样。我们的整个训练过程无非就是训练、遇到问题、分析解决问题、进步、再遇到新的问题……周而复始、螺旋式上升。

第八节　记忆大师分享快速数字

分享者：林蕾

人物简介：世界记忆大师、第23届和第24届世界记忆锦标赛中国战队成员

我们都知道，数字记忆是学习记忆法的基础，比赛项目的逐级训练方式，一般也都是从数字记忆和扑克记忆开始训练，当这几个项目熟练之后再同步训练其他项目。

在脑力锦标赛上，十个项目的比赛，数字的记忆就占了很大一部分，也就是有许多的项目都是在数字记忆的基础上演变而来，而许多的记忆达人之所以能够上《最强大脑》《挑战不可能》等栏目录制节目，背后的真相是他们都拥有超强的记忆数字的能力。

数字和扑克的训练一定要遵循“一遍全对”的理念，从一开始训练，不断去看编码，而且进行大量的直映、联结、记忆，并且严格按照“一遍全对”“追求准确率不追求速度”等理念进行训练，这些训练的好习惯会使我们在后期训练中的准确率高出几个水平。

训练需要一个好的心态和一个合理的计划。

像数字的记忆，从40个数字的记忆开始，一般记10次40个，至少你要保证对8次才算是合格，这样你的基础才牢固，如果你总是记一遍40个还能错

好几次，那么就说明你的编码、地点、联结存在问题，需要调整自己的训练方案和训练思维。

同理，如果你的40个记忆一遍总是全对，这个时候你就可以开始80个训练，当80个也总是一遍全对时，那么开始训练120个，这个时候你就会不自觉地发现你记忆40个就会变得很轻松，而且记忆所用的时间也缩短了。

我临近比赛那会儿，每天做大量的数字联结和记忆，40个一组、80个一组、120个一组……就这样进行训练，也是为了自己能够尽快地熟悉和适应新的地点，慢慢地，记忆40个数字就进入到了15秒之内。

所以，40个数字记忆进入到15秒以内不是40个数字一直练，而是你练到120个或240个甚至更多的时候才练成的。训练前期即使到了5分钟360个也不要刻意想着提速，准确率才是王道，而速度是经过大量的联结、记忆而来，不是一日而成的。

要想提高快速数字的成绩，地点、联结、编码三位一体，都要认真对待。

关于编码，对于初学者，都是同一套编码，但是慢慢地，训练到后面，就需要不断地去优化你的编码，一般每隔一周左右优化两个编码，要不断去除那些没有记忆感觉的、经常出错的、没有图像的编码，不要自始至终就原始那一套编码，那样的话很难练到最高水平。

地点很重要，地点就是你的第三个代码，平时找地点一定要拍照片、拍视频，也是为了在平常练习出错时可以方便地翻阅查看。

联结，我建议可以把一万个数字的联结多过几遍，把这些联结搞熟练，把平常在做联结时一些别扭的、卡住记忆节奏的联结想通了，在正式的测试中，再看到类似的，就会有一种熟悉感、亲切感，速度也就自然上去了，联结这个过程中你的编码也会慢慢地优化。

当然，在训练时会遇到瓶颈期。尤其是一些选手在看到别人进步或成绩非常好时就感到心很急或是缺乏自信。其实，我们每个人最大的对手不是别人而是自己，尤其是在赛场上不要相信空穴来风，只要了解自己的训练问题、水平和状态，然后有针对性地进行训练，我想肯定会不断突破的！

我在备赛阶段，会为比赛项目准备好几个本子，里面记录成绩和总结分析，这样我可以看到自己每次的训练效果和训练问题，及时进行总结分析并寻求突破。在遇到瓶颈时也不要沮丧，只要不断将直映、联结等基础技术做好，突然一天你就会惊奇地发现自己进步了很多，只要自己不断地进步，那么我想你就是优秀的，你就会成功！

田忌赛马，除了基本的实力，比赛时的心态和策略也是很重要的。“比赛，比的就是心态”，大部分参赛选手应该都深有体会。我把我在比赛时采取的策略压缩成六个字：一保稳，二冲刺！很多有经验的比赛选手也都是采取这种比赛的策略。第一把比你平常的水平少记20到40个左右，在有把握能够全对的基础上，这个时候就没了顾忌和担忧；第二把就可以全力以赴，冲刺一把，往往这个时候会达到意想不到的结果！

在最后，送给所有爱好记忆的小伙伴们我自己很喜欢的一句话：“相信相信的力量！”只有心想，才能事成！

CHAPTER FIVE

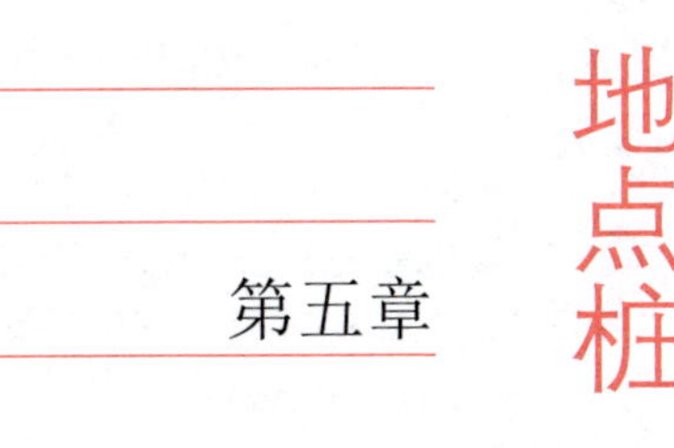

第五章 地点桩

第一节　地点桩简介

一、地点桩的定义

一般来说，桩子包括数字桩、语句桩、人物桩、身体桩、地点桩等。在世界记忆锦标赛中，应用范围最广、应用数量最多的是地点桩，或者说是记忆宫殿。

地点桩是一系列有固定顺序的空间或物体。

二、地点桩的作用

一是承载了记忆信息。我们可以形象地比喻为：在记忆阶段，地点桩给图像记忆提供了表演的舞台；在回忆阶段，地点桩给我们提供了提取信息的线索或参照物。

二是解决了记忆信息的顺序问题。其一，地点桩本身是一系列有序物体或空间，解决了记忆信息的整体顺序。其二，我们运用统一的记忆规则，解决了记忆信息的局部顺序。排定每个地点桩上记忆信息顺序的常用规则如下：

（1）主动动作与被动反应，即第1个编码在前发生主动动作，第2个编码在后发生被动反应。

（2）方位，例如先上后下、先左后右、从前往后等。

三、地点桩的类型

地点桩一般分为空间地点和物体地点。有些外国选手会使用大量的空间地点，比如八届总冠军多米尼克所使用的地点：隔壁邻居家的房子、公共汽车站、商店、停车场等；而我们国内很多世界记忆大师往往会使用大量的物体地点：沙发、茶几、电视等。国内外选手的地点桩偏好不同，与其成长经历、文化环境和所用编码有密切的关系。

根据训练、比赛和教学经验，我们推荐国内选手在备赛中优先选择大量的物体地点。

四、应用领域

地点桩应用领域非常广泛，几乎可以用于世界记忆锦标赛的所有项目。

第二节　地点桩的选取

一、地点桩的选取规则

（一）熟悉

首先，从我们熟悉的环境中找地点桩，比如说我们的家庭、学校、公园、上班的公司等。其一，我们天生具备以熟记生的本领，地点桩法就是这种本领的应用；其二，对于熟悉环境中的地点，通过回忆我们以往在这里的情景会有情感上的感触与体悟，这种情感可以大大提升记忆效率和记忆效果。

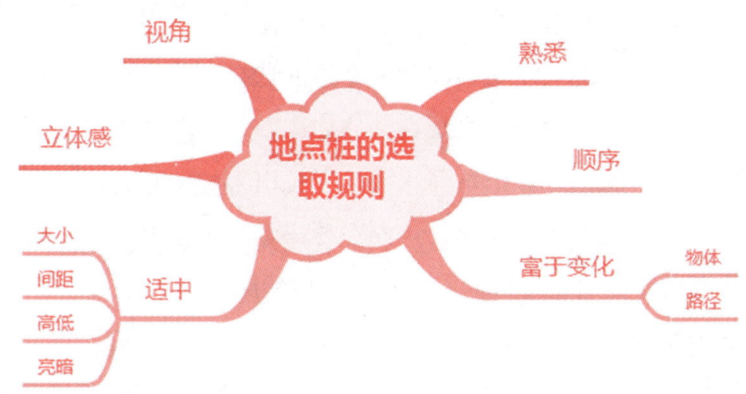

其次，当熟悉地点的数量无法满足需要时，我们可以去新的地方寻找，比如说一个从未去过的旅游景点等。此时，可以用照相机将地点桩拍摄下来，供我们反复回忆强化，将这些不太熟悉的地点慢慢转化成熟悉的地点。

（二）顺序

一般地，我们按照顺时针或者逆时针的顺序找地点桩，从而保证找出的地点桩天然具备了顺序的属性。在记忆活动中，记住材料的顺序是成功记忆的关键要素之一，地点桩的顺序属性正好解决了记忆顺序这一问题。需要注意的是：其一，我们这里所说的顺序是指物体的空间顺序，而不是我们日常活动的时间顺序；其二，我们要选择固定的物体（比如电视、马桶等，一般不会挪来挪去），而不要选择活动的物体（比如家里养的宠物或者跑来跑去的玩具汽车），因为活动的物体一旦变化位置就会打乱地点桩原有的顺序。

（三）富于变化

1. 地点桩本身富于变化

个性鲜明、特征突出、变化多样（形状、颜色、大小等）、有趣味又有足够区分度的物体更受大脑的喜爱，所以我们一般选取一系列富于变化的物体作为地点桩，而不选择重复的物体作为地点桩。

当然，也不是说重复的物体就一定不能选择，非得选择的话，最好从不同的方位、采用不同的视角去观察，比如床左右两侧各有一个床头柜，一个选择床头柜的表面，另一个选择床头柜里拉出来的抽屉，或者在其中一个地点桩上虚拟出一个不同的物体，比如在另一个床头柜上摆放一个漂亮的花瓶（在此将花瓶作为地点桩，而不选择重复性的床头柜）。

2. 地点桩路径富于变化

漫步在曲折变化的路径上，可以更加轻松愉快地欣赏沿途风景，而且记得又快又牢。所以，在同一条直线上一般不选取过多的地点桩。

（四）适中

1. 大小适中

一般可以参照台灯至写字台大小来选择地点桩，比如马桶、浴缸、洗手盆等。太大的地点（比如一栋楼），运用起来会有些空旷；太小的地点（比如一支钢笔），则无法给图像记忆提供足够大的表演舞台。

2. 间距适中

在备战比赛时，两个地点桩之间的距离一般控制在0.5 ~ 15米的范围内。两个地点桩之间的距离太远，会影响记忆的匀速连续性，干扰我们的记忆节奏；两个地点桩之间的距离太近，邻近两个地点桩上的图像很有可能会重叠、相互干扰。

3. 高低适中

我们一般选取正常视野范围内的物体作为地点桩。过高或过低的地点，由于不在我们正常的视野内，容易遗忘。

4. 亮暗适中

我们一般选取自然光亮度下的物体。亮度太高，就像照相机曝光过度那样，影响图像记忆的清晰度；非常黑暗，像黑夜般伸手不见五指，则根本无法看到东西，也就很难发挥图像记忆的威力。

（五）立体感

根据我们的经验，相对于平面而言，拥有立体感的地点桩能够给图像记忆提供一个更好的表演舞台，从而提升记忆效果。

我们启动大脑进行图像记忆，就好比导演拍摄电影、摄影师拍摄照片；只不过，我们是在大脑中运用想象力展开虚拟演出，而他们是在现实中运用拍摄工具记录真实表演。导演和摄影师在拍摄时，会选择最佳视角进行拍摄，以期拍出最好的效果；同样地，我们在进行图像记忆时，也要选择站在最佳位置以最佳视角去观看“演出”（也就是说，我们每次记忆都要使用相同的视角）。

二、找寻地点桩的模式与流程

找寻地点桩的模式主要有三种：一种是在熟悉的实地场景中找寻，一种是在陌生的实地场景中找寻，一种是凭借回忆在熟悉场景中找寻。

找寻地点桩的流程主要包括准备、找寻与记忆、记录和后续等。

（一）在熟悉场景中实地找寻地点桩的流程

1. 准备

准备好相机、摄影机、电脑等工具。

进入场景中实地找寻前预设行进路线。比如说，通过闭目回忆回想起那个熟悉的场所以及场所里发生的往事，重新体验当时的那种情景与感受；然后，在这种情感中慢慢安静下来，想象自己重新回到了这个场所，并走到合适的位置，按照选取规则选出第1个地点桩，选择一个最佳视角仔细观察，并全方位地进一步观察这个3D 的地点桩，同时体会那种身临其境的感受；按照以上方式选取和观察第2个地点桩……依此类推，最后总复习。

注意：在闭目回忆的时候，可能某些地点无法清晰准确地呈现出来，此时无需过多纠结，在后续步骤中采取措施弥补完善即可。

2. 找寻与记忆

进入场景中，根据此前预设行进路线和预选地点桩实地观察场景中的路线和各个物品，根据选取规则确定地点桩，站在适当的位置从最佳视角对每一个地点桩拍摄取景。

在此，我们主要是动用我们人体特有的六感“照相机”进行拍摄，也就是要摸一摸、看一看、听一听、尝一尝、闻一闻、感受一下。

3. 记录

根据实地场景中的行进路线和选择的地点桩，运用相机、摄影机等外部工具进行记录。

（二）在陌生场景中实地找寻地点桩的流程

1. 准备

准备好相机、摄影机、电脑等工具。

进入场景中实地找寻前预设行进路线。比如说，整体预览并按照顺时针或者逆时针的顺序初步设定行进路线，为正式进场做好准备。

2. 找寻与记忆

同上。

3. 记录

同上。

（三）回忆熟悉场景找寻地点桩的流程

1. 准备

与在熟悉场景中实地找寻地点桩的准备相同。

2. 找寻与记忆

虚拟进入“真实”场景中，根据此前预设行进路线和预选地点桩观察场景中的路线和各个物品，根据选取规则确定地点桩，站在适当的位置从最佳视角对每一个地点桩拍摄取景。

在此，我们主要是动用我们人体特有的六感“照相机”进行拍摄，也就是要摸一摸、看一看、听一听、尝一尝、闻一闻、感受一下。

注意：可能某些地点无法清晰准确地呈现出来，此时可以采取以下措施弥补完善：其一，跳过这些地点，继续往下找寻；其二，在模糊地带构建虚拟地点桩，建议通过网络等途径找寻出个性特征突出的图片作为虚拟地点，并通过反复观察进行强化。

3. 记录

运用电脑、笔记本等外部工具记录选择的地点桩。

三、地点桩找寻示例与实践

（一）地点桩找寻示例

下图是日常生活中非常熟悉的场所，我们以此为例示范一下如何找寻地点桩。

1. 准备

按照前文所述做好相关准备。

2. 找寻与记忆

进入书房，我参照前期的准备工作站在左手边开始按照顺时针的方向观察找寻。首先，我走到盆栽前，将其选取为第1个地点桩，稍微一侧身我看到旁边的窗户，将其选取为第2个地点桩，在此，我没有选择盆栽和窗户之间的窗帘，主要是因为它与盆栽和窗户之间的距离都太近，在图像记忆时容易造成重叠和干扰；然后，我走到书桌旁边，在此，我们可以选择椅子、书桌以及书桌上的台灯和电脑作为地点桩，在我们的日常生活中桌椅出现的频率特别高，个性不够突出，在此略过，对于书桌上的台灯和电脑，台灯个性鲜明且立体感很强，所以我选择台灯作为第3个地点桩；接下来我走到书桌前，选择旁边的书架作为第4个地点桩，我深深喜爱的那架钢琴作为第5个地点桩……当走到第10个地点桩的时候，闭目回忆一下，然后继续找寻……将当前所在环境找寻完毕以后，再次闭目回忆所有找出的地点桩。

3. 记录

根据实地场景中的行进路线和选择的地点桩运用相机、摄影机等外部工具进行记录。

注意：建议对每一个地点桩单独拍照留念，也可以将这个小房间中所有选取的地点桩拍摄在一张照片中（为了便于讲授，在这里展示给大家一张合影）。

（二）地点桩实战演练

现在，我已经把选取地点桩的规则、找寻地点桩的操作步骤都告诉大家了，并结合实例给大家做了展示；接下来，轮到大家启动大脑，开始构建自己个性化的记忆宫殿了。从参加世界记忆锦标赛的角度来说，如果想达到国际记忆大师（IMM）的标准，建议大家准备2000个地点桩。那么，我们先来找出300个地点桩吧。

第三节　地点桩的使用与管理

一、地点桩的使用

地点桩的使用主要包括地点桩的熟悉方法、使用方法和使用频率三个方面。

（一）地点桩的熟悉方法

在将新找寻的地点桩正式投入使用之前，我们先要熟悉这些地点桩。一般的熟悉方式有回忆、联结训练、记忆训练等。

（二）地点桩的使用方法

对于地点桩的使用，主要包括记忆、提取和清空三个方面。其中，记忆和提取已经在快速数字章节讲解，在此我们来了解一下清空地点桩的方法。

1. 自然遗忘

我们的大脑天然具备自然遗忘的神奇功能，我们训练时也主要运用这种清空方法。一般情况下，我们只要按照较低的频率使用地点桩，就可以给我们的大脑留出足够的时间进行自然遗忘。比如，在进行记忆快速数字和快速扑克等快速项目时，我们按照每天一次的频率使用地点桩，这样第二天再运用这套地点桩时基本已经忘记了昨天的记忆内容；在记忆1小时数字/扑克的时候，我们按照每两周一次的频率使用地点桩，这样下次再运用这套地点桩时同样也可以忘记上次的记忆内容。

2. 主动清空

有时候，我们可能等不及大脑自然遗忘，此时我们可以主动出击，运用想象力清空地点桩。比如，我们可以想象用橡皮擦或抹布擦拭地点桩，用雨水或水枪冲洗地点桩，用大火燃烧地点桩，用冰雪覆盖地点桩……我们还可以在同一个地点桩上连续做联结训练……这样，也可以逐渐消除地点桩上残留的记忆图像。

（三）地点桩的使用频率

在记忆训练中，我们一般选择低频的地点桩使用频率。

二、地点桩的管理

（一）地点桩的群组管理

根据经验，在备战世界记忆锦标赛的过程中一般会对地点桩进行群组划分与管理，也就是说将十大比赛项目与地点群组进行配比，这样可以帮助我们提高记忆效率和记忆效果。

（二）地点桩的精细加工

记忆训练的过程从某个角度来说就是持续不断地精细化加工的过程，对于地点桩也同样适用，在此我们从整体和局部两个层面对地点桩进行精细加工。

在整体层面，由于我们的地点桩主要是从现实场景中找寻的，在运用的过程中难免会发现有各种各样的瑕疵。比如，有的地点桩之间间隔有些远，有的地点桩靠得太近显得拥挤，有的地点桩重复但又不想舍弃……根据我们的经验，可以运用三板斧——“加、减、变化”来解决以上问题。比如，两个地点间隔有点远，我们可以运用想象力虚拟增加一个地点，建议通过网络等途径找寻出个性特征突出的图片作为虚拟地点，并通过反复观察进行强化；有的地点桩靠得太近或重复，我们可以删减；对于重复但又不想舍弃的地点桩，我们可以从不同的视角观察或者说运用地点的不同部位，或者一个保持原样，在另一个上虚拟出一个不同的物体（虚拟方法同上）。

在局部层面，我们要不断地思考、总结和用心感受，找出每个地点桩的最佳使用部位和观察视角等。比如说，某个地点桩是一个没有盖子的小型垃圾桶，使用桶口上方悬空的位置可能不太合适，使用桶壁及其与地面连接的部位则会好很多。

第四节　地点桩常见问题与解答

问题1：房间里地点桩的选择是不是也有些讲究，是不是大一点的物体更适合作地点桩?

答：相对来说地点桩大小适中即可，无需太大，也不要太小，一般可以参照台灯至写字台大小来选择地点桩，比如马桶、浴缸、洗手盆等。太大的地点（比如一栋楼），运用起来会有些空旷；太小的地点（比如一支钢笔），则会显得有些拘谨。

问题2：地点桩可不可以不是在现实中找的，而是网上的一些图片，类似于室内设计效果图这样的?

答：这个问题要因人而异，有些人能够将一些装修图片里面的家具布局变换为自己的地点桩，而且用得也是得心应手（一般这类人的空间感特别强），也有怎么用都用不好这种地点桩的小伙伴。在此，我们建议大家使用生活中的实体地点桩会更好一点。

问题3：地点桩重复得特别多怎么办?

答：一般来说，我们所找的室内地点桩重复的次数会比较多。比如镜子、洗手池、床、柜子等。这类地点桩在长时记忆项目上会比较容易造成混淆，我们一般可以这样解决：

第一种：用作用点来区别开来。比如，家里一套地点桩中出现了床，朋友家一套地点桩中也有同样的床，那么我们可以让家里的那个床的作用点移动到枕头上，朋友家的那个床的作用点移动到床单上，这样就很好地解决了这个问题。

第二种：虚拟替换。这里所说的虚拟替换指的是原场景中一般不含有这个物体，通过替换的形式让它在你的脑海中生成。比如说，床这个地点桩我们觉得很不好用，那么我们可以另外找一个符合地点桩规则的物体——孔子雕塑（其他也可以），用这个雕塑来替换掉那个床（这些过程是在你脑海里面进行的），那么以后我们在记忆和回忆地点桩的时候，那个地方的地点桩已经变成了一尊孔子雕塑。

问题4：地点桩每天循环使用的频率是怎样的?

答：一般来说，地点桩尽量一天只使用一次，使用频率过高会影响记忆效果。如果说地点桩不够用，我们可以先抽点时间多找一些地点桩，这样就有效地解决了这个问题。

问题5：在记忆的时候，地点桩是处于编码的哪个位置？是编码1前面还是两个编码中间？还是编码2后面?

答：这个问题无需过多纠结，最主要的是我们能够让脑海中的画面非常的自然，清晰就是最好的，有些时候可能处于两个编码前面，也会出现夹在中间以及出现在两个编码后面的情况。

CHAPTER SIX

第六章

快速扑克

第一节　快速扑克比赛规则

目标：尽可能以最短时间记忆一副52张的扑克牌并正确回忆出来。

记忆时间：<5分钟

回忆时间：5分钟

记忆部分

（1）选手准备一副刚洗过的52张扑克牌，比赛前交给裁判洗牌。参赛者可以使用自备的扑克牌，如组委会有指定的扑克牌，按组委会的指定执行。

（2）参赛选手如能在5分钟之内记下一副完整的扑克牌，必须先通知裁判以安排一个准确度为1/100秒的计时器和计时员。选手必须事先告知裁判一个适当的讯号以代表其完成记忆。

此外，在裁判的监督下可以使用高速计时器（魔方计时器）。

手机、平板电脑或类似的电子通讯器材均不得使用。

（3）参赛选手可以在5分钟内的任何时候开始记忆。

（4）扑克牌可以多次记忆，每次可以记忆多张牌。

（5）扑克牌必须在裁判视野范围内，即手必须高于桌子。

（6）裁判未宣布5分钟的记忆时间结束，参赛者绝不能开始排列扑克牌。

回忆部分

（1）记忆阶段过后，每位参赛选手均会获发一副有顺序的扑克牌。参赛者必须把第二副牌按照刚才记的第一副牌的顺序排列。

（2）两副牌必须标明哪副牌是用来记忆的，哪副牌是用来回忆摆牌的。

（3）回忆完成时，两副扑克牌均需排放在桌子上，面上的一张为第一张。

计分方法

（1）裁判将会把两副扑克牌逐张比较，当出现不一样的牌时，只有已核对的牌会被记录。

（2）以最短时间正确记下52张扑克牌的参赛者胜。

（3）如参赛者回忆的扑克牌数少于52张，其时间会记录为300秒，而所得分数为c /52分，其中c 是正确回忆的扑克牌数目。

（4）完整回忆的扑克牌将以下列方法计分：

$$11180 \div （\text{时间}^{0.75}）$$

即25秒记完的扑克牌会得1000分。

（5）成绩以两轮得分较高者计算。

（6）如有两个以上相同分数，另一轮得分较高者胜。

高速准确计时器（魔方计时器）：是世界记忆锦标赛中应用的计时器，当参赛者其中一只手离开触摸板时便开始计时。当参赛者于记忆后把双手放回触摸板便停止计时。参赛者可以改造计时器至只用一只手来停止计时，即计时器其中一边的触摸板用物体压住。

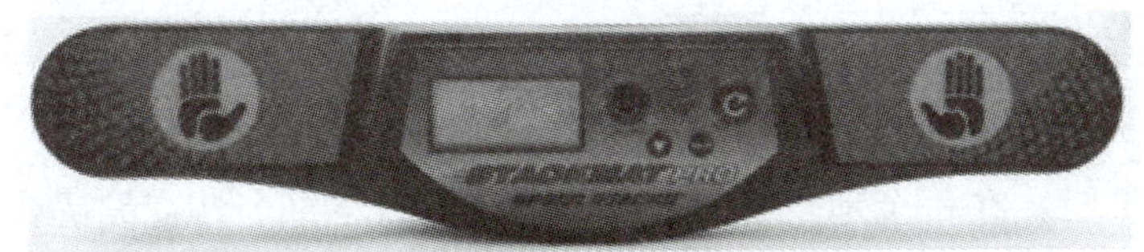

第二节　快速扑克简介

一、快速扑克的重要性

快速扑克同快速数字一样，也是世界记忆锦标赛十大项目的基本功之一，同时也是助你成为世界记忆大师的最佳入门训练之一！

二、快速扑克记忆方法简介

快速扑克记忆主要采用地点定桩法，在此以记忆一副扑克为例进行简要说明（52张扑克牌）。

（1）准备阶段：做好准备并回忆26个地点桩。

（2）记忆阶段：在每个地点桩上放2个扑克编码（每个扑克编码代表1

张扑克牌），同时发生紧密联结。

（3）回忆阶段：在脑海中依次走过每一个地点桩，就可以准确快速地回忆起这52张扑克牌。

三、快速扑克训练方法简介

快速扑克的训练方法主要包括训练流程、训练旅程、记忆节奏和记忆状态四个方面。

第三节　快速扑克编码

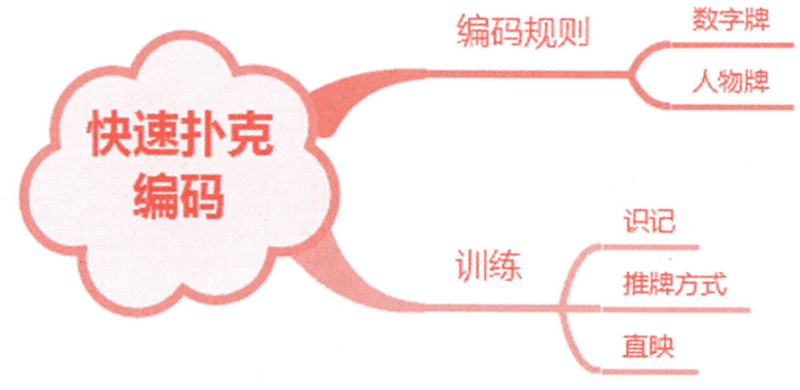

一、扑克编码规则

52张扑克牌全部取用数字编码，规则如下：

1. 数字牌40张

黑桃代表十位数的1（黑桃的下半部分像“1”），红桃代表十位数的2（红桃的上半部分是两个半圆的弧形），草花代表十位数的3（草花由三个半圆组成），方片代表十位数的4（方片有4个尖角）。

2. 四种花色的J、Q、K

建议J、Q、K分别代表十位数的5、6、7，黑桃、红桃、草花、方片分别代表个位数的1、2、3、4。

扑克编码规则	♠	♥	♣	♦
A	11	21	31	41
2	12	22	32	42
3	13	23	33	43
4	14	24	34	44
5	15	25	35	45
6	16	26	36	46
7	17	27	37	47
8	18	28	38	48
9	19	29	39	49
10	10	20	30	40
J	51	52	53	54
Q	61	62	63	64
K	71	72	73	74

二、扑克编码训练

（一）识记扑克编码

1. 初步识记扑克编码

对于52张扑克牌，我们可以选择每张牌左上角的图标作为记忆点来熟悉每张扑克牌的编码，并从头到尾学习几遍，对编码进行初步识记。

仔细观察52张扑克牌的记忆点，找出其独特的记忆特征，为下一步的直映训练打基础。找特征的时候，可以把相同数字的4种花色牌放在一起，比较它们的异同，然后再通过与同一花色邻近扑克牌的比较区别并确认每张牌的记忆特征。

如果从扑克记忆点联想起相应的编码不太容易，可以反复强化，或者运用联想来加强记忆：发挥想象力，将扑克记忆点与编码关联起来，这样看到记忆点就可以联想到扑克编码。例如A♥（鳄鱼），可以发挥想象力进行联想，比如红桃像鳄鱼张开的大嘴，A 像鳄鱼那沾满鲜血的牙齿。当想不起A♥的编码时，就可以这样把“鳄鱼”联想出来。

2. 深入识记扑克编码

运用“六感”观察和观想扑克编码，详情可以参考快速数字相关章节的内容。

此外，深入识记扑克编码还要求能够在大脑屏幕上清晰完整地呈现出每张牌左上角的图案。

（二）推牌方式

常用的推牌方式有两种：一种是左手握牌，用左手大拇指把每一张读完的牌推给右手，同时右手主动接牌；另一种是右手握牌，用右手中指从后往前把每一张牌推给左手，同时左手主动接牌。注意，推牌时要完整显示出牌面左上角的图标。如果只是单纯的推牌，匀速推完一副牌大约只需20秒。

（三）快速扑克直映

1. 快速扑克直映训练流程

快速扑克直映训练流程主要包括准备、直映、记录反馈和巩固编码四个阶段。更多内容，可以参考快速数字相关章节的内容。

2. 快速扑克直映训练旅程

运用扑克牌进行直映训练，从1副（52张扑克牌）起步，训练目标为50秒/副。

如果1副扑克的直映训练已经非常流畅，没有卡壳，就升级为一次训练5副；如果5副的直映训练也非常流畅、快速，就升级为一次训练10副……直至进入大量联结和记忆训练阶段时停止直映训练。

每当做完10副扑克的直映训练，就拿出编码表（图像文档）查看巩固一遍，之后再投入下一轮的直映训练，循环往复，直至进阶。

第四节　快速扑克联结

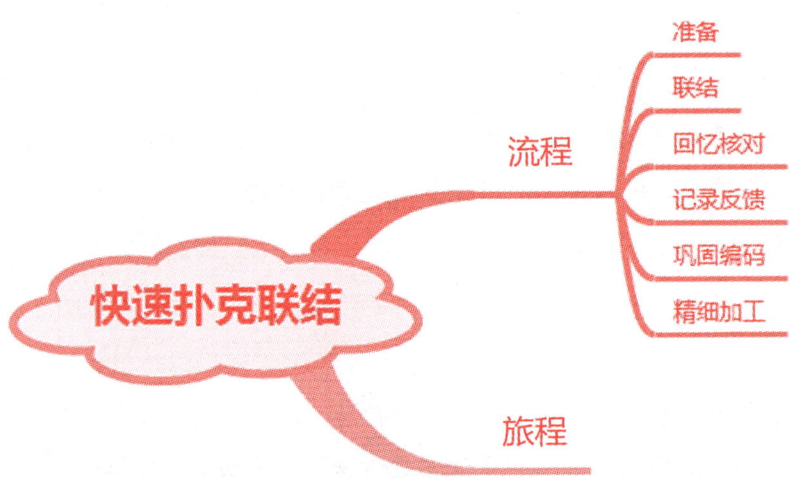

一、快速扑克联结训练流程

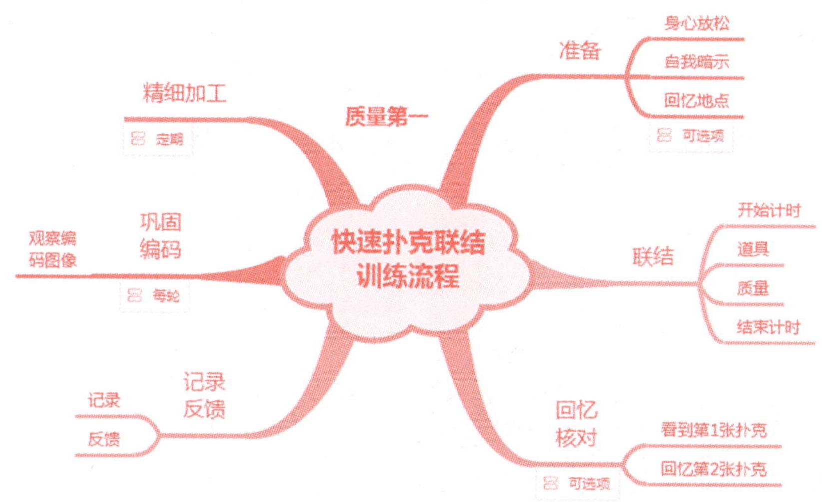

快速扑克直映训练流程主要包括准备、联结、回忆核对（可选项）、记录反馈、巩固编码和精细加工六个阶段。更多内容，可以参考快速数字相关章节的内容。

二、快速扑克联结训练旅程

对于联结训练，从1副（52张扑克牌）起步，训练目标为25秒/副。

如果1副扑克的联结训练已经非常流畅，没有卡壳，就升级为一次训练5副；如果5副的联结训练也非常流畅，就升级为一次训练10副……坚持训练和思考总结，终会达到乃至超越25秒/副的训练目标。

第五节 快速扑克记忆

一、快速扑克的记忆方法

快速扑克项目主要采用地点定桩法进行记忆，即每个地点桩放两张扑克牌。

二、快速扑克记忆的训练方法

（一）快速扑克记忆训练流程

1. 准备

在开始记忆以前，首先做身心放松、自我暗示和回忆地点等准备活动来提升训练效果。

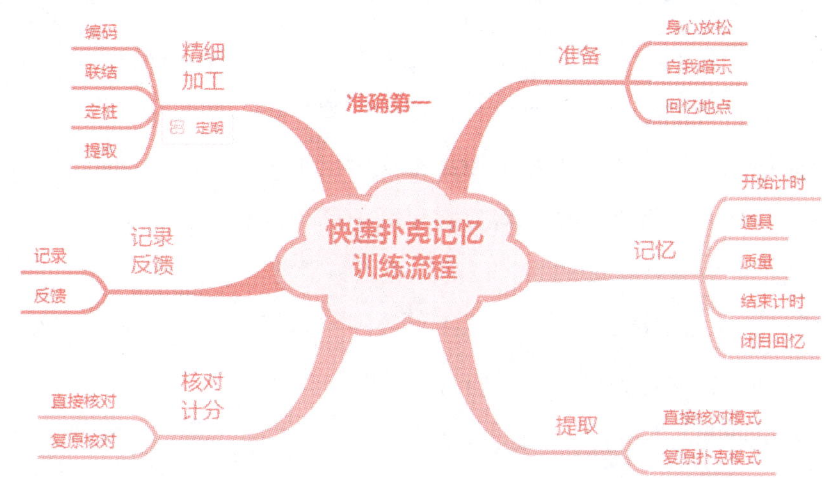

2. 记忆

抬起双手，魔方计时器开始计时并同步开始记忆，记忆结束时拍下魔方计时器停止计时，然后将扑克牌放置在桌子中部。注意，拍下魔方计时器时牌面必须朝下。

特别强调，扑克牌可以多次记忆，每次可记忆多张牌。但是，选手一旦按下魔方计时器停止计时并将扑克牌反扣在桌面上，就不得再次拿起扑克牌记忆，否则按作弊处理。

3. 记忆

3.1　复原扑克模式

3.1.1　回忆流程

先闭目回忆，回忆完毕，再将记忆内容用另外一副有顺序的扑克牌还原出来。

还原完毕，马上仔细检查。发现错误，保持镇静，按照记忆内容调换并继续检查。检查无误后，将还原的扑克牌反扣在桌面上。

3.1.2　复牌方式

在世界记忆锦标赛上，选手们可以根据自己的喜好选择自己习惯的复牌方式。在此，我们给大家推荐一种常用的复牌方式：将还原牌均匀地平铺在桌面上（注意将每张牌左上角的图案都显示出来），按照记忆顺序依次捡拾扑克牌，并将扑克握在手中或者放在桌面中部。注意，将扑克牌放置在桌子中部，而不要放置在桌子边缘，以防扑克不慎滑落。

3.2　直接核对模式

闭目回忆，回忆完毕，无需用另外一副扑克牌还原。

4. 核对计分

4.1　复原扑克模式

将记忆扑克和复原扑克一张一张地进行核对。

4.2　直接核对模式

脑海中想到第一张扑克，就翻开第一张核对一下；脑海中想到第二张扑克，就翻开第二张核对一下……直至将整副扑克牌都核对完毕。

4.3　计分

按照计分规则计分。

5. 记录反馈

将原始分和记忆时间记录下来，同时把问题和好想法也简要记录下来作为思考总结的素材，并且要及时肯定和鼓励自己。

每轮训练结束，继续投入到下一轮记忆训练中，直至完成自己的训练目标（遵循训练量和准确行数就高原则）。

6. 精细加工

同快速数字，及时总结，追根溯源，解决问题，晋级高阶训练。

（二）快速扑克记忆训练旅程

快速扑克记忆训练旅程是不断制定训练目标和全力以赴达成目标的过程。

千万注意，永远不要给自己心理设限！

相信自己，潜力无穷，天道酬勤，超越自我！

其中，刚开始记忆时，可以进行半副或者20张（甚至10张）的记忆训练，获得一些小的成就感，建立记忆的自信心，突破心理障碍；当我们充满自信的时候，就可以持续不断地挑战记忆整副扑克牌的记录了。

快速扑克记忆训练的里程碑参考：

入门级：52张扑克5分钟

普通级：52张扑克4分钟

达人级：52张扑克3分钟

高手级：52张扑克2分钟

大师级：52张扑克49秒

冠军级：52张扑克18秒

（三）快速扑克记忆节奏与记忆状态

快速扑克是十大比赛项目中最激烈的一个比赛项目，没有之一。快速扑克的记忆节奏和记忆状态非常重要，甚至可以说比技术更重要，所以，在日常训练中要练习好记忆节奏，找到记忆状态，以及进入状态和长久待在其中的方法。

第六节　快速扑克小结

快速扑克牌，是全场最刺激、最让人兴奋的项目，也是最后一个决定最终成绩的项目。

快速扑克记忆，关键在于一遍准确；一遍准确的技术支撑固然重要，但核心在于最佳状态。

科学的心理辅导和经常在各种非常规环境下的锻炼是建立和保持稳定的快速扑克最佳状态的必经之路。

第七节　快速扑克常见问题与解答

问题1：为什么我直映扑克牌的时候老是要先读出来扑克编码才能反映出图像?

答：这个问题答案非常简单，你的练习度还不够。我们可以使用节拍器来辅助训练，主动提高自己的反应速度，再加大直映的训练量，很快你就会发现这个问题已经迎刃而解。

问题2：为什么我记完一副扑克牌，回忆过程中老是会忘记地点桩上是什么呢?

答：这个问题换个思路来说就是没有记住，那没有记住的原因会有很多。我们的记忆方式是图像记忆，毫无疑问，必须脑海里浮现出清晰的图像，图像在你大脑里的清晰程度决定了你的记忆质量。

图像和地点桩之间的互动也很重要，如果它们的联结不够紧密，那也可能造成你的地点桩上没有图像。所以，图像与图像以及地点桩之间的联结也是需要多做的，在联结的过程中我们还要多加入自己内心的感受。另外，记忆的时候要不断地给自己信心，告诉自己完全能够记住。

问题3：我现在记忆一副扑克牌需要6分30秒，如何快速进步到5分钟以内?

答：整个记忆过程中包括了直映、联结和定桩。理论上来说，我们可以把它一分为三，也就是说，我们的直映、联结和定桩相应地提高，也会让我们的记忆时间缩短。你可以先休息一两天，不去记忆，让地点休息休息。这期间只练习直映和联结，量比之前大一些，然后再次尝试进行记忆训练。

问题4：为什么每次教练在给我们做模拟测试的时候，我就会特别紧张，手心出汗，如何发挥正常水平呢?

答：你为什么会紧张，最大原因可能是你对自己的不信任以及对成绩的过于关注导致了你出现这样的问题。解决方案很简单，一种是从平时训练入手，每一次训练当作比赛，真正在赛场上不要关注结果，你面对的只有脑中的图像，把握好节奏，给自己灌输正面积极的想法；还有一种就是找一个水平和自己差不多甚至好一点的选手，跟他面对面地一对一PK，越紧张越害怕越要去面对，面对多了，你就轻松了。

第八节　记忆大师分享快速扑克

分享者：杨雁

人物简介：快速扑克亚洲纪录保持者、亚洲记忆大师、世界记忆大师

1. 追逐目标

我于2015年3月20日在尚忆战队正式开始训练，我记得当天我的测试成绩是2张，小孩子死记硬背都比我记得多。当时我们班上就一个人能在5分钟内记完一副扑克牌，我当时觉得她好厉害，于是把她当成我追逐的目标，把座位调到她的旁边，向她学就好了。

2. 制定计划

一个人想要在扑克牌项目上取得快速的进步，一定要有一个“当第一”的计划。首先，目标设定成全班第一；然后，训练量要全班第一，速度要全班第一，训练时间要全班第一，只有这样，才能更好地做一个领先者。

3. 聚集力量

想哪个项目上更快，你就得把时间专注到哪个项目上。想在扑克牌项目上获得进步，扑克牌就不能离开你的手，我训练、走路都会想着联结、编码。坐公交车，一定会把扑克牌拿出来，做联结，熟悉它。所以，你的专注力在哪里，你的结果就在哪里。

4. 腾出时间

当我们确定好要提升的项目后，就得腾出大量的时间放在这个项目上，那么，首先你就得学会筛除时间，比如看电视的时间、看手机的时间、上厕

所的时间、午休的时间。我当时训练是每天上两次厕所，即使是上大号，我都会在熟悉编码和做联结，中午休息半个小时，手机在训练的时候全部关机。这样你就会发现有更多的时间，你就会把时间放在扑克牌上。

5. 破釜沉舟

有一天，我和黄胜华走在回家的路上，他和我说，要我加油，中国有很多的人能在20几秒记住一副扑克牌。于是，我心里默默发誓，我的扑克牌如果没有进入30秒，我就绝不参加世锦赛。结果，我在训练的第二个月就达到了27秒，所以，我们只要有破釜沉舟的一种志气，就会有不断涌出的动力。

6. 激情

激情是你解决一切困难的力量，很难想象如果你对扑克牌没有激情，你会进步，老天都不会答应。你要看到扑克牌都会觉得手痒，一天不碰扑克牌都会心里难受，那么恭喜你，你一定会进步很快。我的扑克牌一定要练到纸牌全黑并且对折了，我才会放起来，你会给你的扑克牌怎样的珍爱，扑克牌才会对你有怎样的珍爱。

7. 快乐

很多人都会问我，你为什么进步那么快，并且速度那么快。我问他："你在训练的时候快乐吗？"

我看到很多人训练的时候都是眉头紧锁、呼吸急促，这样是很难进步的。我有好几次状态不好的时候，我怎么记忆都是错的，于是我就听了几首摇滚歌曲，唱了起来，边唱边记，一下就好了起来，速度也快了起来，所以一定要在训练中找到快乐，你才会进步得快。

后记：杨雁的努力，我们尚忆战队的每个人都能够看到，他的训练量超乎我们的想象，他的内在驱动力也是我目前看到非常强的人之一，也正是因为这些因素，他才能够创造出这样的成绩。希望他能够成就梦想，拿下世锦赛总冠军。平常生活中，他也是我们的开心果、段子王，每天休息吃饭的时间都成了我们的下饭菜，现在想想也挺快乐的！哈哈！

CHAPTER SEVEN

第七章

随机词汇

第一节　随机词汇比赛规则

目标：尽可能记忆越多的随机词汇（例如狗、花瓶、吉他等）并正确回忆出来。

记忆时间：15分钟

回忆时间：40分钟

记忆部分

（1）每张问卷纸有5列，每列有20个广为人知的词语。当中大约有80%为具体名词，10%为抽象名词，10%为动词。

（2）词语从世界上公认的字典中选出，适合儿童、青年和成人参赛选手所认知的词语。

（3）词语的数量为现时世界纪录加20%。

（4）参赛选手必须由每列的第一个词语开始，并依次记忆该列越多的词语。

（5）参赛选手可以选择自己容易记忆的列。

回忆部分

（1）参赛选手必须在提供的答卷上写上词语。

（2）如果参赛者想使用自己的答题纸，必须在赛前交给裁判决定。

（3）每个词语必须清楚地标明序号，并且每列的开始和结尾的词语均必须容易辨识。

计分方法

（1）如果每列20个词语均正确作答，得20分。

（2）如果每列20个词语中有一处错误（或漏空），得10分（即20/2）。

（3）如果每列20个词语中有两处或以上的错误（或漏空），得0分。

（4）空白列不会扣分。

（5）只针对最后一列：如果最后一列没有完成（比如只写了9个词语），而且都正确无误，那么写对几个给几分（在此例子中，完整正确得9分）。

如果最后一列没有完成，且有一处错误（或漏空），则给一半分。

如果最后一列出现了两处错误（或中间漏空），得0分。

（6）如果一列中有一个记忆错误或一个字错误，那么该列的分数为满分除以2再减一个不正确的词语（即20分为满分，除2得10分，再减1为9分）。

（7）记忆错误先于别字错误扣分，否则9.5分会被调高至10分，即没有别字错误扣分。

（8）总分为每列分数的总和。如总分有半分，则会四舍五入。

（9）如相同的分数，胜出者将取决于作答了而没有分数的列数，每个正确作答的词语得1分决定分，决定分较高者胜。

第二节　随机词汇简介

一、随机词汇的重要性

随机词汇是世界记忆锦标赛十大比赛项目之一，也是训练的三大基本功之一，可以为人名头像和虚拟历史事件两个项目打下基础。

二、随机词汇记忆方法简介

随机词汇可以采用地点定桩法、串联联想法、数字定桩法等各种记忆方法，其中大多数选手使用的是地点定桩法，在此我们也推荐使用地点桩记忆随机词汇。

三、随机词汇训练方法简介

随机词汇作为世界记忆锦标赛十大比赛项目的基本功，训练方法主要包括训练流程、训练旅程、记忆节奏和记忆状态四个方面。

第三节　随机词汇编码

随机词汇跟快速数字、快速扑克在编码上有很大差别：快速数字、快速扑克有事先定义好的、数量有限的编码，我们按照编码进行记忆即可；随机词汇没有事先定义好的编码，并且词汇数量庞大，远远多于数字的100个编码。

就随机词汇的编码而言，主要包括两个方面：一是抽象词的编码，一是具象词的编码。具象词，是指有具体图像的词语，例如大象、花生等。抽象词，是指除具象词以外的词语，例如抗议、消耗等。

一、编码方式

（一）抽象词的编码方式

抽象词的编码方式，我们可以借鉴数字、扑克的编码方式。数字通过象形、谐音、特定含义等方式来定义编码；扑克通过设定编码规则来定义编码；

抽象词可以通过谐音、代替、增减倒字、望文生义等方式转化成图像。

1. 谐音法

汉语中有很多同音字，更有大量的字读音相似，这是中文词汇运用谐音法的天然优势。所谓谐音法，是指通过语音这一途径将抽象词转化成读音相同或相似的具象词的图像。

例如“非常”，我们怎么转化呢？ 有人说“非常6+1”，可是，“非常6+1”好像也没有图像啊？有人说，有，有李咏啊！那么问题来了，从“非常”到“非常6+1”，再到“李咏”，转了好几道弯，我们在回忆的时候能还原出原词吗？我们在图像转化的时候，要尽量的简洁，同时也要尽量地贴近原词，要达到看到转化词的图像就能够立马想到原来的词语，看到原来的词语就能立马想到转化后的图像。在这里，我们用“肥肠”感觉如何呢？

再如“凝结”，善用谐音的朋友可能直接就蹦出来图像——“领结”。

现在轮到你了，将下面这几个抽象词用谐音法转化成图像吧：

元旦：______________

悲剧：______________

什么：______________

介质：______________

经济：______________

贸易：______________

参考想法：

元旦：圆蛋

悲剧：杯具

什么：神马

介质：戒指

经济：金鸡

贸易：<u>　毛衣　</u>

2. 代替法

所谓代替法，是指使用与原有词汇紧密相关的图像来代表原有词汇的方法。

例如“人民”，这个怎么转化呢？用“人民币”代替如何？可以进一步强化一下，用红红的百元大钞来代替！

再如“自由”，如何图像转化呢？不错，用举着火炬、拿着书本的“自由女神像”来代替。

还有“幸福”，什么东西最能代表幸福呢？有人说，钱，我就缺钱，有了好多好多的钱，我就幸福了。呵呵，可以用一堆钱来代替“幸福”，不过，请注意在同一组要记忆的词语中，不要出现雷同的转化图像！比如这组词语中，“人民”已经转化成“人民币”了，“幸福”如果再转化成“钱”，就很容易产生混淆！在这里，我们使用一张“全家福”照片来代表“幸福”怎么样？

现在轮到你了，将下面这几个抽象词用代替法转化成图像吧：

信用：________________

爱情：________________

泰国：________________

时间：________________

北京：________________

历史：________________

参考想法：

信用：<u>　信用卡　</u>

爱情：<u>　红心　</u>

泰国：<u>　人妖　</u>

时间：<u>　时钟　</u>

北京：天安门

历史：历史书

3. 增减倒字法

增减倒字法，顾名思义，是指通过增加字、减少字、颠倒字的顺序等方法将抽象词转化成图像。

例如，传呼，转化成传呼机；复习，转化成西服或媳妇。

现在轮到你了，将下面这几个抽象词用增减倒字法转化成图像吧：

安全：______________

笔记：______________

太阳能：______________

原始：______________

雪白：______________

利益：______________

参考想法：

安全：安全帽或安全带

笔记：笔记本

太阳能：太阳或太阳能热水器

原始：原始人

雪白：白雪

利益：伊利牛奶

4. 望文生义法

望文生义，语出清代张之洞《輶［yóu］轩语·语学》：“不然，空谈臆［yì］说，望文生义，即或有理，亦所谓郢书燕说耳”，是指不了解某一词句的确切含义，光从字面上去牵强附会，做出不确切的解释。

例如，“危机”，危险的飞机；“马上”，骑在马背上。

现在轮到你了，将下面这几个抽象词用望文生义法转化成图像吧：

结果：____________

心动：____________

保守：____________

抽象：____________

金融：____________

对象：____________

参考想法：

结果：结出果实

心动：心脏跳动

保守：保安守门

抽象：抽打大象

金融：金子融化

对象：一对大象

在训练过程中，大家往往会有这样的疑问：什么才是抽象词的最佳图像呢？你自己想出来的图像就是最好的图像！

将抽象词转化成图像，在训练时往往还会发生这样的情况："不，还可以想到一个更好的……嗯，这个不错……还有这个，对，这一个，好像更好一些，就是它了！"我敢肯定，等你回忆的时候，十之八九是回忆不出原词的。建议大家在训练时，直接采用自然联想到的第一个图像。

（二）具象词的编码方式

如果说图像记忆是一座高楼大厦，那么编码就是建造大楼的那一块块砖头。

根据比赛规则，随机词汇中大约有80%为具体名词。从提升记忆效率和效果的角度对具象词进行编码无疑是一个不错的主意。我们可以根据自身经历、知识储备和个人偏好等将具象词定格为一个自己喜欢的具体图像。

（三）编码练习

我们学习了抽象词和具象词的编码方式，就马上开始练习吧！

1	菜篮子	21	股票交易所	41	白头鹰	61	百灵鸟	81	书名页
2	创立	22	卑贱	42	墓地	62	大脑	82	黄豆芽
3	黯淡	23	建筑师	43	砖	63	阑尾炎	83	著作
4	开心	24	兔子	44	祝愿	64	朴素	84	扁平
5	刚果河	25	考虑	45	宝宝	65	蚕豆	85	拉拉队
6	维纳斯	26	味道	46	白桦树	66	杜松	86	手掌
7	女士上衣	27	酱油	47	成衣	67	赛车	87	文学
8	奶牛	28	大蒜	48	热锅	68	矿物	88	电子仪器
9	诊断	29	手电筒	49	证件	69	巧妙	89	欣喜
10	青蛙	30	会议	50	红辣椒	70	车厘子	90	中文
11	虾	31	摇椅	51	绿卡	71	象牙	91	供氧装置
12	辫子	32	流星	52	鲫鱼	72	司令	92	牛奶
13	议会	33	熄灯	53	可乐	73	雇佣	93	高跟鞋
14	鱼缸	34	救生衣	54	自由	74	灭火器	94	树林
15	包销	35	长号	55	登记簿	75	疼痛	95	玻璃器皿
16	货车	36	气球	56	特殊	76	哨子	96	碗盘
17	悄悄	37	水仙花	57	客舱	77	锤子	97	皮包
18	橙汁	38	犰狳	58	长尾猴	78	自动售货机	98	本国
19	绿化	39	圣饼	59	搪瓷器皿	79	神秘	99	起火
20	追星	40	放牧	60	一样	80	大豆	100	宝马

二、随机词汇直映训练

本部分内容可以参考快速数字相关章节的内容。

第四节　随机词汇联结

一、随机词汇联结训练流程

（一）准备

在开始训练前，首先做身心放松和自我暗示等准备活动来提升训练效果。

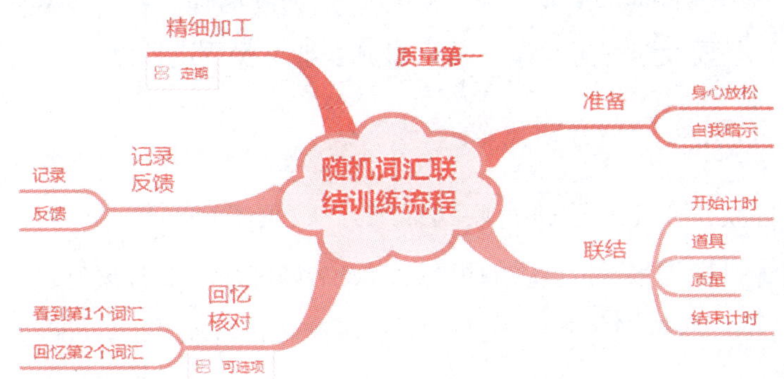

（二）联结

按下秒表开始计时并同步开始联结，结束时停止计时。

例如：武器、森林、牛尾汤、福、河流、汇合……

大炮（用大炮代替武器）轰炸森林，狼烟四起，满目疮痍；一碗牛尾汤浇到福字上（过年时张贴的大大的红色的福字）；几条河流交织在一起，汇成了一条河流……

（三）回忆核对

看到第1个词汇，回忆第2个词汇并予以核对。

每天训练随机词汇联结时可以使用这种回忆核对的方式。

（四）记录反馈

记录联结时间和准确个数，同时把问题和好想法也简要地记录下来作为思考总结的素材，作出反馈，及时肯定和鼓励自己。

每一轮训练完毕以后，继续投入到下一轮直映训练中，直至完成自己的训练目标。

（五）精细加工

为了提高记忆的效率和效果，我们要尽量从词汇本身的属性特征出发，选择贴合其属性特征的联结方式。同时，在训练过程中，一是要做大量的强化训练，二是要及时思考总结，从而做到快速又稳固的联结。

二、随机词汇联结训练旅程

运用随机词汇记忆卷进行联结训练，从1页（1页5列，每列20个词语）起步，训练目标为3分钟/页。如果1页的联结训练已经非常流畅，就升级为一次训练2页……持续训练和思考总结，不断提升联结水平。

三、随机词汇联结练习

开动大脑，用下表中的100个随机词汇来做一下联结练习吧。

1	武器	21	陆地	41	决心	61	切	81	支票
2	森林	22	小麦	42	干果	62	仓库	82	导言
3	牛尾汤	23	移动电话	43	优秀	63	画廊	83	金
4	福	24	状况	44	核能	64	梳	84	计算机
5	河流	25	磨坊	45	肩	65	油脂	85	海盗
6	汇合	26	卫生间	46	删除	66	手镯	86	狐狸
7	合欢树	27	胭脂	47	美洲腹蛇	67	跷跷板	87	木偶
8	不定式	28	藤椅	48	蛋炒饭	68	油酥	88	面粉
9	木兰	29	玄武岩	49	竹笋	69	享受	89	意愿
10	旅客	30	天体	50	桥	70	草图	90	鱼翅
11	卡通动物	31	金属丝	51	长笛	71	逻辑	91	豌豆
12	奶牛	32	流星	52	蜘蛛	72	杂技演员	92	成就感
13	蹦极	33	薄荷	53	雪	73	冰川	93	资格证
14	旁听	34	放大	54	衣服	74	便装	94	拖鞋
15	贵族	35	建筑师	55	司机	75	鳄鱼	95	驯狮者
16	冶金	36	厕所	56	芒果	76	小黄瓜	96	山核桃
17	流感	37	改善	57	跳舞	77	饮料	97	卷尺
18	鱼塘	38	沙漠	58	糖果	78	山竹	98	版本
19	签名	39	虾	59	金字塔	79	分量	99	项链
20	破冰船	40	骨骼	60	枪	80	暖流	100	颈

第五节　随机词汇记忆

一、随机词汇记忆方法

在竞技比赛中，随机词汇项目主要采用图像记忆法中的地点定桩法进行记忆，每个地点桩放两个词汇。

同时，我们必须了解的是，随机词汇以图像记忆方法为主轴，同时还可以融入多种记忆方式，比如声音记忆、视觉记忆、空间记忆、感觉记忆、情感记忆等。

相对于快速数字和快速扑克规范严谨的记忆，随机词汇的记忆显得更加灵活多样。

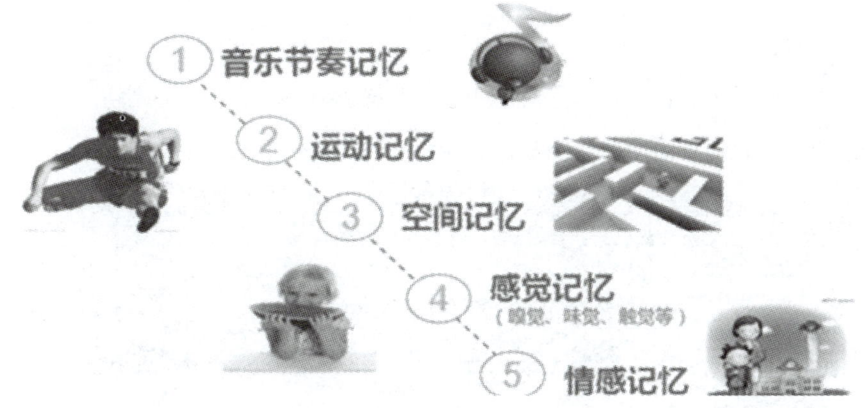

二、随机词汇记忆训练方法

随机词汇记忆训练方法包括训练流程、训练旅程、记忆节奏和记忆状态四个方面。其中，训练流程可以参考快速数字相关章节的内容。在此，我们着重讲解随机词汇记忆训练旅程。

随机词汇记忆，从每次记忆1列起步；当达到晋级标准后，依据经验值依次升级。训练目标为5分钟准确记忆75个词汇以上。

每次记忆1列词汇，当10次记忆有8次以上全对并且记忆节奏流畅时，就升级为每次记忆2列。每次记忆2列词汇，当10次记忆有8次以上全对并且记忆节奏流畅时，就升级为每次记忆3列……在内心可接受范围内自行设定合适的记忆列数。

随机词汇记忆训练的里程碑参考：

入门级：15分钟40个

普通级：15分钟60个

达人级：15分钟80个

高手级：15分钟120个

大师级：15分钟160个

冠军级：15分钟280个

三、随机词汇记忆练习

例如：神父、黑胡椒、虎鲸、墓碑、海盗、狐狸、木偶、面粉、医院、桥。

我们准备5个地点桩：沙发、床头柜、床、玻璃门、梳妆台。

第一个地点桩：沙发；随机词汇：神父，黑胡椒。

一个神父撒了很多黑胡椒在沙发上。

第二个地点桩：床头柜；随机词汇：虎鲸，墓碑。

一头虎鲸跃出海面，用它锋利的牙齿去咬床头柜上的一块墓碑。

第三个地点桩：床；随机词汇：海盗，狐狸。

一个凶神恶煞、穷凶极恶的海盗一脚把狐狸踢到了床上。

第四个地点桩：玻璃门；随机词汇：木偶，面粉。

一个可爱风格的木偶娃娃，双手透过玻璃门捧着白色细腻的面粉。

第五个地点桩：梳妆台；随机词汇：医院，桥。

用注射器（用注射器代替医院）喷洒了很多刺鼻的药水在桥上，药水流到梳妆台上（桥矗立在梳妆台上）。

现在，我们从第一个地点桩开始回忆，第一个地点桩上是？第二个地点桩上是？……

下表中剩余的词语，发挥你的想象力，开始记忆吧！

1	神父	21	灯泡	41	洋葱	61	精英	81	商人
2	黑胡椒	22	箭猪	42	雅典娜	62	三轮车	82	奶瓶
3	虎鲸	23	木筏	43	西红柿	63	印度煎饼	83	橱窗
4	墓碑	24	场地	44	山葵	64	鞋匠	84	鸣笛
5	海盗	25	明虾	45	海胆	65	柜台	85	圆规
6	狐狸	26	红旗	46	平衡	66	番薯	86	血浆
7	木偶	27	金融	47	莴苣	67	幻想	87	捕鲸船
8	面粉	28	守护神	48	有柄钻	68	赤裸裸	88	化妆品
9	医院	29	充电器	49	办公室	69	接线板	89	文具
10	桥	30	圆头钉	50	保湿	70	银饰	90	横断山脉
11	驴	31	束缚	51	邪恶	71	普利策	91	军事
12	才能	32	篮球联赛	52	含糊不清	72	儿童	92	爱尔兰
13	建设	33	海风	53	核心	73	插头	93	美利龙
14	红杉	34	火箭	54	雪莲	74	脑	94	神经
15	清真寺	35	灰褐色	55	印度洋	75	沙	95	备战
16	奶牛	36	血统	56	硬煤	76	骆驼	96	分析师
17	照片	37	芹菜	57	完善	77	震荡	97	香炉
18	月饼	38	杏子	58	海洋	78	孜然	98	焗油膏
19	慌忙	39	和弦	59	西洋菜	79	金翅雀	99	肺炎
20	系统	40	朱古力	60	套装	80	废纸篓	100	领袖

第六节　随机词汇常见问题与解答

问题1：为什么记忆完后，书写的过程中不确定是哪个词汇？比如我知道脑海里的图像是个桌子，但是不知道是书桌、饭桌，还是课桌等。

答：一般常见的容易混淆的词汇，我们可以多花几秒时间来记忆得更精确。记忆第一遍时就用笔标识出来你认为可能会出错的词汇，然后直映图像更准确一点。如书桌，桌子上面会有一本书；饭桌，桌子上面会有一碗白米饭等。这样就有效地解决了这个问题。

问题2：词汇怎么去复习?

答：由于词汇出错率较高，在第一遍记忆的时候，我们力争将词语所对应的图像出得清晰准确；第二遍复习查漏补缺，把不熟悉的字、笔画比较多的字额外给它补一补，以减少书写过程中错写、漏字的概率。

问题3：15分钟我能够记忆160个词语左右，可是对就只能对60多个，很是苦恼——不知如何是好。

答：第一，你找到自己准确率不高的原因所在，是因为词语出图不够准确？遗忘率高？还是容易写错字？亦或是记忆状态受到了影响？把这个病因找出来，对症下药，然后解决它，一步一步来。

第二，世界记忆锦标赛的十个项目，大家应该都发现了，那就是强调准确率。以随机词汇为例，一行20个词语，错1个就只有一半分，错2个就是0分。所以，建议大家在准确率的基础上再去追求速度，而不是走都没有学会，就想跑起来，那样可能会摔痛自己的！

第七节　记忆大师分享随机词汇

分享者：尹锡琼

人物简介：妈妈级的世界记忆大师

词汇项目对于我来说，真心觉得有点难。因为自身对于词语的理解有点费劲，加上出错率也比较高，主要还是觉得出图比较难。在临近区域赛前夕，其实当时是非常着急的，词汇一直是40个左右的水平，停滞不前，准确率也上不来，而且我的理解能力又比较差，教练讲过的东西我是需要一段时间慢慢吸收的，那个时候是非常讨厌训练词汇的，看词汇就头疼，根本不知道从什么地方入手，但是又必须要练！后来，教练又告诉我，让我先练出图，他用了一张测试卷给我举出一页的例子，比如电风扇——可以出图成带电流的风扇，吊灯——可以用条绳子牵引住一个灯，这样不会错写、漏字。后来我才知道，原来不是只有词语才会出图像，一个字也是可以出图的，再去还原词，这样准确率就提高了很多很多。

不管你遇到什么词，只要有一个字能出图就尽量出图。刚开始的时候，只练习出图，走在路上看到广告牌子上的字就尽量让自己想出图来，看手机新闻的时候偶尔也会想一些难出图的词语。练一段时间出图后，觉得有点入门了，就开始练联结，联结一列，然后看着第一个想第二个，看第三个想第四个，看看是不是联结的都能够想起来。联结练得差不多之后，就可以尝试去记忆了。我个人练习记忆词汇的时候，看到词语是马上出图记忆的，三个字的尽量出两个字，实在出不来就出一个，在出图上不花太长时间，只要有一个字能出图，马上就下一个。后来，我的词汇基本上可以稳定在120个左右了，虽然不是很高的水平，但是相对于之前，是一个比较让我满意的提升了。

另外，一遍记忆过后，看第二遍的时候，再仔细看一下是什么词的，边回想边看词，一定要注意容易写错的字眼，就好像之前说的，电风扇你可能写成风扇，吊灯你可能写成灯，电冰箱你可能写成电冰柜、冰箱、冷藏柜。所以，看第二遍的时候一定要注意卡字眼。我的小心得体会希望能够帮助到大家，谢谢大家。

CHAPTER EIGHT

第八章

虚拟历史事件

第一节　虚拟历史事件比赛规则

目标：尽量多地记忆虚拟历史事件的年份，并在回忆时将其写在相关的事件前面。

记忆时间：5分钟

回忆时间：15分钟

记忆部分

（1）问卷的年份数量为现时世界纪录加20%，每页有40个年份。

（2）历史事件的年份为1000至2099之间。

（3）所有历史事件皆为虚构的事件（如签署和平条约）。

（4）数字的历史事件年份位于问卷左方，而每个事件垂直地排列。所有的事件会随机排列以避免数字或字母次序排列。

回忆部分

（1）答卷每页会有40个历史事件。

（2）答卷历史事件的次序跟问卷中的有所不同。

（3）参赛选手必须将正确的年份写在事件前。

计分方法

（1）每写一个正确年份得1分，整个年份的四位数字必须正确写上。

（2）每个事件前只可以写上一个四位数字的年份，每个错误的年份会倒扣0.5分。

（3）空白行不会扣分。

（4）总分四舍五入，即45.5分会调高至46分。

（5）如总分为负数者将以0分计。

（6）如有相同的分数，则以较少错误的参赛者胜。

（7）选手如果能记忆更多的历史事件，可以在世界记忆锦标赛一个月前提出增加数量的要求。

第二节　虚拟历史事件简介

一、虚拟历史事件的重要性

虚拟历史事件是十大比赛项目中直观感觉与实际生活紧密贴合的项目之一。我们可以认为，虚拟历史事件是快速数字和随机词汇两个项目的融合。

二、虚拟历史事件记忆方法简介

虚拟历史事件可以算是十个项目中记忆方法最多的一个。常用的记忆方法包括故事串联法、语句定桩法、空间分域法、地点定桩法、历史年份变换法、固定动作法等。不过，不论表现形式如何，本质上都是采用图像记忆法。

三、虚拟历史事件训练方法简介

虚拟历史事件训练方法主要包括训练流程、训练旅程、记忆节奏和记忆状态四个方面的内容。

第三节　虚拟历史事件记忆

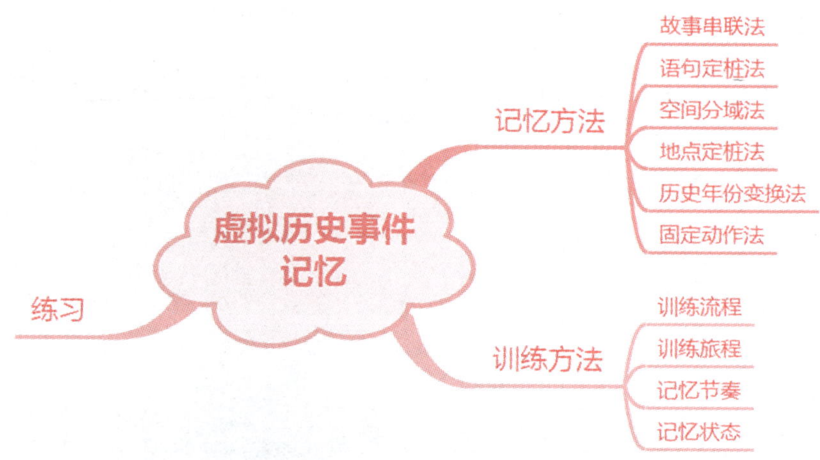

一、虚拟历史事件记忆方法

虚拟历史事件包含数字（历史年份）和语句（历史事件）两部分，其中数字的范围是1000至2099之间。两类记忆资料的融合，激发了很多选手的灵感，产生了多种多样的记忆方法。

在此，我们对几种常用的记忆方法进行简要讲解，排序不分先后。

（一）故事串联法

将组成历史年份的2个数字编码与历史事件编成一个故事。

（二）语句定桩法

将组成历史年份的2个数字编码定在语句桩上。所谓语句桩，就是历史事件的关键词。注意，一套试题内很可能会遇到重复的关键词，可以借助整个语句的场景予以区分。

（三）空间分域法

历史年份的前两位数字只有11种情况，即10、11、12、13、14、15、16、17、18、19、20，分别给它们分配一个空间，然后将历史事件在其对应的空间里进行记忆，就可以解决历史年份的前两位数字高度重复所带来的记忆干扰。分配空间的思路有两种：①10棒球，分配一个棒球场；11筷子，分配一个餐厅……；②将一系列有顺序的空间依次分配给这11个两位数。

（四）地点定桩法

历史年份的前两位数字只有11种情况，可以将11个地点桩按照顺序分配给这11个数字，然后将历史事件在其对应的地点桩上进行记忆，这样可以有效解决历史年份的前两位数字高度重复所带来的记忆干扰，并减少记忆量。

（五）历史年份变换法

对于初阶选手，往往会感受到历史年份的前两位数字高度重复所带来的记忆干扰，历史年份变换法可以快速解决这个问题，具体方法为：①1开头的历史年份，第1位数字不记，第2位数字在末尾重复一次，如1783，记忆为7837；②20开头的历史年份，直接将第2个数字编码在数量上翻倍，即采用属性记忆，如2046，记忆为2个46。然后，再使用故事串联法或语句定桩法将其与历史事件关联在一起即可。

（六）固定动作法

历史年份的前两位数字只有11种情况，给这些数字设置固定的动作，可以使记忆内容更加简洁。动作的来源可以是这些数字编码本身的动作，也可以为虚拟历史事件项目单独设计固定动作。然后，再使用故事串联法或语句定桩法将其与历史事件关联在一起即可。

二、虚拟历史事件训练方法

（一）虚拟历史事件记忆训练流程

虚拟历史事件记忆训练流程主要包括准备、记忆、提取（回忆）、核对计分、记录反馈和精细加工。

其中，在提取（回忆）环节，首先搜寻自己记过的历史事件，或者说识别语句桩，然后再回忆出关联的历史年份，并将该年份整齐规范地书写在回忆卷上。书写时建议使用中性笔、油笔等不易涂抹的文具。

需要注意的是，按照比赛规则，每个错误的年份会倒扣0.5分，所以对于不确定的问题建议不作答。

（二）虚拟历史事件记忆训练旅程

在快速数字和随机词汇等项目的训练基础上再展开虚拟历史事件训练。

虚拟历史事件记忆，从每次记忆1页（40个）事件起步，不断压缩记忆时间，不断设定新的合理训练目标并努力实现。

虚拟历史事件记忆训练的里程碑参考：

入门级：5分钟10个

普通级：5分钟20个

达人级：5分钟40个

高手级：5分钟60个

大师级：5分钟80个

冠军级：5分钟130个

三、虚拟历史事件记忆练习

现在我们一起来记5个历史事件，我们用关键字的记忆方法。记住：脑海里面一定要有图像！你能很轻松地记下来！

Number	Date	Event – Chinese
1	1688	机票于5分钟沽清
2	1252	大学辞退了所有图书馆职员
3	1811	7岁孩童当选总理
4	1347	校长降职成为校工
5	1288	埃及发现埋葬了的战士

第一个：1688 机票于5分钟沽清

关键字：机票。

想象你手上拿着一条纤细的杨柳条（16），抽打你爸爸（88）手中的一张机票，机票和手上都留下了一条条抽打的痕迹。

第二个：1252 大学辞退了所有图书馆职员

关键字：图书。

一个活泼可爱的婴儿（12）爬到一把锋利的斧儿（52）上，斧儿下面是一本图书（这本图书可以是自己印象比较深刻的书籍的样子）。

第三个：1811 7岁孩童当选总理

关键字：7岁孩童。

想象一个7岁左右的孩子（这个也可以是你所熟知的某个小孩子），用泥巴（18）涂满了整双筷子（11）。

第四个：1347 校长降职成为校工

关键字：校长。

一位校长（自己印象比较深刻的校长）戴着听诊器（13），将胸件贴在方向盘上（47）听诊。

第五个：1288 埃及发现埋葬了的战士

关键字：埃及（金字塔）。

一个活泼可爱的婴儿（12），从金字塔（埃及）上爬到了爸爸（88）的怀抱里。

还有35个历史事件，尽情发挥你的想象力，体验当一名历史达人的感觉吧！

虚拟历史事件记忆卷

Number	Date	Event - Chinese
1	1688	机票于5分钟沽清
2	1252	大学辞退了所有图书馆职员
3	1811	7岁孩童当选总理
4	1347	校长降职成为校工
5	1288	埃及发现埋葬了的战士
6	2003	遭遇百公斤野猪
7	1523	世界末日影响美国情绪
8	1976	孙子婚礼当天天气晴朗
9	1594	假期夏装狂打折
10	2018	情侣角逐“天下第一吻”
11	1831	少年打破世界纪录
12	1354	出租司机深夜营运不容易
13	2000	残疾考生遭拒录
14	1932	不明飞行物再次来临
15	1254	儿子工作受挫伤心落泪
16	2081	男子在地铁上做997个俯卧撑
17	1222	长寿老翁迎重孙女4岁生日
18	1462	男生手拿礼物夜访女友家
19	1221	小伙子终于拿到宇宙通行驾照了
20	1402	联手打击拐卖儿童犯罪团伙
21	2097	男生专吃过期食品
22	1918	储户使用ATM 机存取款
23	1616	钢管散落砸伤筛子工人
24	1353	国象奥赛美女争奇斗艳
25	1860	全球每年约30万人需器官移植
26	1697	重达半斤的巨型蛋竟是“蛋中蛋”
27	2089	阿凡达情侣引路人围观
28	1103	中东土豪开豪车追“上下五千年第一美女”
29	1419	花都新增3家公费医疗定点医院缓解“看病难”
30	1397	中华鲟榜上有名
31	1934	15岁少女15年不出门
32	1852	牛把人参当草吃
33	2004	世界知名大学博览会开幕
34	1972	精装本售价将达四百元
35	1219	煤矿突击提拔7名矿长
36	1142	植物园植物种类繁多
37	1198	减肥药网上热销
38	1205	富家女爱上无业男
39	2014	网游是新型毒品
40	1659	女生训练5只猫看守粮仓

虚拟历史事件回忆卷

Number	Date	Event – Chinese
1		植物园植物种类繁多
2		小伙子终于拿到宇宙通行驾照了
3		机票于5分钟沽清
4		牛把人参当草吃
5		残疾考生遭拒录
6		大学辞退了所有图书馆职员
7		不明飞行物再次来临
8		出租司机深夜营运不容易
9		煤矿突击提拔7名矿长
10		储户使用ATM 机存取款
11		长寿老翁迎重孙女4岁生日
12		花都新增3家公费医疗定点医院缓解“看病难”
13		中东土豪开豪车追“上下五千年第一美女”
14		男生手拿礼物夜访女友家
15		网游是新型毒品
16		阿凡达情侣引路人围观
17		埃及发现埋葬了的战士
18		钢管散落砸伤筛子工人
19		假期夏装狂打折
20		中华鲟榜上有名
21		孙子婚礼当天天气晴朗
22		精装本售价将达四百元
23		全球每年约30万人需器官移植
24		国象奥赛美女争奇斗艳
25		7岁孩童当选总理
26		遭遇百公斤野猪
27		减肥药网上热销
28		男生专吃过期食品
29		男子在地铁上做997个俯卧撑
30		少年打破世界纪录
31		15岁少女15年不出门
32		女生训练5只猫看守粮仓
33		世界末日影响美国情绪
34		联手打击拐卖儿童犯罪团伙
35		世界知名大学博览会开幕
36		情侣角逐“天下第一吻”
37		校长降职成为校工
38		重达半斤的巨型蛋竟是“蛋中蛋”
39		富家女爱上无业男
40		儿子工作受挫伤心落泪

第四节　虚拟历史事件常见问题与解答

问题1：虚拟历史事件记忆方法哪种最好?

答：虚拟历史事件记忆方法比较多，这里不能说哪种方法更好，只能说是因人而异，有些人喜欢关键字，有些人喜欢空间分域等，找到适合自己的才是最好的，找1～2种自己感觉比较喜欢的方法，进行训练尝试，鞋子合不合脚，这时候就知道了！

问题2：是不是快速数字的基础越好，历史事件的水平相应会越高?

答：理论上是这样的。我们可以认为历史事件是快速数字和随机词汇两个项目的融合。那么，快速数字和随机词汇的基础越牢固，历史事件的水平也会相应的越高。

问题3：在记忆虚拟历史事件的时候，我是用首字（虚拟历史事件的第一个字）来记忆的，但是重复率比较高怎么办?

答：虚拟历史事件中，首字重复的事件还是会有好几个的，比如像男子、大学生、医院、银行等出现的概率比较大。当出现首字相同的情况时，我们可以退而取其次，在事件中重新选择一个比较容易出图像的词，再进行记忆。

问题4：记忆虚拟历史事件的时候，有些我喜欢记，有些我不喜欢记，如果先挑出自己喜欢记的并把它标记出来，然后再记忆，这样会不会比较好?

答：虚拟历史事件的记忆时间只有5分钟，如果说你再花时间去挑出来标记的话，这样有点浪费时间，权衡一下之后，这样做并不是最佳的选择。我们可以把标记的时间扔掉，直接从第一个开始记忆下去，遇到自己不喜欢记忆的跳过去，这样就把标记的时间节省出来了。

CHAPTER NINE

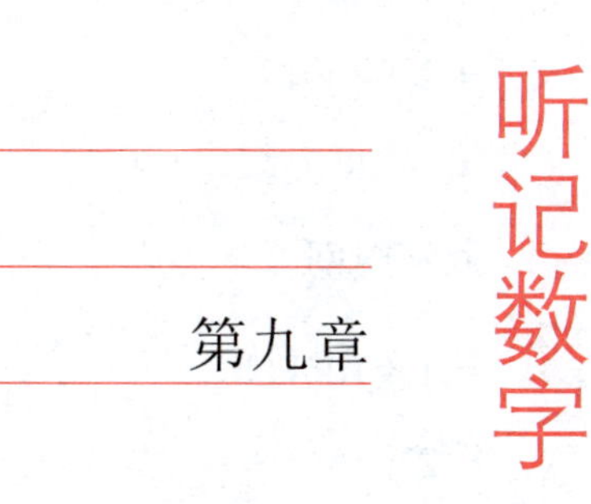

第九章

听记数字

第一节　听记数字比赛规则

目标：尽量多地记忆和回忆听到的数字。

记忆时间：

第1轮200秒

第2轮300秒

第3轮世界纪录+20%

回忆时间：

第1轮10分钟

第2轮15分钟

第3轮25分钟

记忆部分

（1）听记比赛过程是以每秒一个英文数字清楚地读出（如1、5、8、4

等）的录音。

（2）在最后一轮，录音中所播出的数字数量是世界纪录加上20%。

（3）录音播放期间不可以有任何的书写行为。

（4）当参赛选手达到其记忆极限时，必须在其座位上保持安静，直到录音完全播完为止。

（5）如果由于某种原因受到外界的干扰而需暂停播放时，重新开始的播放将由受干扰前的5个数字开始，直至剩余数字读完为止。

回忆部分

（1）参赛选手必须使用组委会提供的答卷作答。

（2）如参赛选手需要使用自己的答卷，必须于比赛前得到裁判的同意。

（3）参赛选手必须从头开始，依次写上所记的数字。

（4）答卷会于记忆开始前放在地上。当录音播放完毕，裁判宣布开始时参赛选手才可以作答。

计分方法

（1）从第一个数字开始计算，每正确一个数字得1分。

（2）一旦参赛者有了第一个错误，即停止计分。例如，参赛者记忆了127个数字，但第43个数字错了，那么得分为42；如参赛者记忆了200个数字，但第1个数字错了，得分便为0。

（3）在受到外界干扰的情况下，参赛者必须能够写上第一轮的数字，然后再额外一轮的数字才会被评核。例如，一轮100个数字中，在第47个数字受到噪音干扰。录音会从第42个数字开始播放直至100个数字都读出。在回忆时，如果能正确写上头42个数字，则余下的58个数字才会被评核。

（4）如果干扰来自某位参赛者而对其他人不公平，该参赛者将不能参与其他轮的比赛。

（5）在世界赛事中，如多个参赛者获得相同的最高分数，胜出者为第二轮得分较高者；如第二轮得分一样，胜出者为第一轮得分较高者；如第一轮得分一样，结果为双冠军。

第二节　听记数字简介

听记数字是锻炼我们一遍准确记忆能力的绝佳项目，按照科学方法坚持训练，就会在听记数字项目上持续进步。

一、听记数字的重要性

听记数字是世界记忆锦标赛十大项目之一，是助你成为记忆大师的极佳训练项目。在训练听记数字的过程中，我们的想象、思维、注意力等都会全部集中在一个点上，达到一个高度集中的状态，所以听记数字不仅仅是训练我们的记忆能力。

二、听记数字记忆方法简介

听记数字主要采用地点定桩法，在每个地点桩上放2个数字编码（每个数字编码代表两位数）。

三、听记数字训练方法简介

听记数字训练方法主要包括训练流程、训练旅程、记忆节奏和记忆状态。在此，我们重点讲解训练旅程。

第一步，连续听清楚100个以上的英文数字。听记数字是按照1秒/个的频率连续播报，而且没有重听的机会，所以持续的专注度是听记数字的基础。做这项训练的时候，起初可以单纯地听，稍后可以边听边记录，听完马上进行核对检验。

第二步，直映编码。这个阶段不要求在脑海里面形成记忆，只需要直映出来相对应的编码图像即可，比如“one、four”，大脑迅速地出现对应的编码图像——钥匙。能够很流畅地反应之后，我们再进行下一步训练。

第三步，编码联结。要求我们能够将两个编码非常快地紧密联结起来，联结时间理论上是小于1秒的，因为第四个英文数字报出来的时候，我们的大脑是需要处理这些信息的。

第四步，定桩记忆。在前一步完成得比较流畅的基础上，我们再将两个编码和地点桩联结起来，这样就完成了听记数字的整个流程。

在整个训练过程中，我们很容易出现思维走神的情况，而正是这一瞬间的走神在比赛中就可能让你的分数止步于此，所以持续的专注力是听记数字的基本要求。

第三节　听记数字记忆

一、听记数字记忆方法

听记数字项目主要采用地点定桩法进行记忆，即一个地点放2个数字编码。

二、听记数字训练方法

（一）听记数字记忆训练流程

听记数字记忆训练流程与快速数字等项目大同小异，在此不予详细描述。需要注意的是，训练过程中出现问题并不可怕，只要我们认真思考、及时总结，找到问题根源并立即纠正，每一个问题都会成为我们进步的阶梯。

在技术上，我们主要从编码、联结、定桩和提取四个方面进行精细加工。

（二）听记数字记忆训练旅程

数字记忆，从每次记忆40个数字起步；当达到晋级标准后，依据经验值依次升级，训练目标为准确记忆160个数字以上。

听记数字记忆训练的里程碑参考：

入门级：5分钟20个

普通级：5分钟40个

达人级：5分钟60个

高手级：5分钟80个

大师级：5分钟160个

冠军级：5分钟450个

（三）听记数字记忆节奏

听记数字按照1秒/个的频率播报英文数字，节奏性很强，所以我们在记忆过程中要始终保持平和的状态、均匀的呼吸和相对的匀速记忆，不要忽快忽慢，这样会乱了阵脚。记忆前，给自己一些积极的自我暗示，比如说“我的大脑很清醒”“我记忆效果很好”“我一定可以全对”等。

（四）听记数字记忆状态

我们需要在训练过程中体验并找出最佳的记忆状态，并且找到进入最佳状态的方式、如何在这个状态里待足够长久的时间的方式方法。

听记数字要求在保证准确的前提下记忆尽可能多的数量，这个项目可以大大锻炼我们的一遍准确和心理素质。

第四节　听记数字常见问题与解答

下面我们一起来看一看听记训练中一些常见的问题，以及黄胜华对于这些问题给予的回答。

黄胜华：《最强大脑》第三季中国战队成员、亚洲记忆大师、世界记忆大师、特级记忆大师

问：对于初学者练习听记数字，你有什么好的建议？

黄：对于初学者来说，最重要的是注重听记数字的节奏，刚开始可以慢一点，速度可以调节到1.5秒一个数字的程度，刚开始反应出相对应的编码就好了，但是要能够持续稳定地反应出来，因为刚开始接触这个项目一下很难适应，反应60多个数字之后，大脑就可能出现疲惫、注意力走神的状态，这都是正常的现象。在稳定反应的基础上，我们再继续跟进数量和时间，这样我们的适应性会好很多。

问：由于听记数字是以英文形式出现的，你觉得相对于其他项目而言，听记数字会不会更难？

黄：听记数字虽然是以英文数字的形式出现，但是它的记忆原理和其他项目一样，比如二进制、抽象图形等，它们也不完全是以数字的形式呈现，最重要的是反复大量的练习，这个项目最难的我个人觉得应该是听记数字需要我们能够持续稳定地反应出编码、联结以及记忆，也正是这一点，它要求我们必须把精力完完全全地集中，稍有分心，可能就标志着你这一轮的成绩止步于此。

问：如何能够将听记数字短时间内稳定在40个左右？

黄：我们可以先从反应编码开始，先把目标定在60个左右，当你能够很自然地反应出来编码图像之后，我们再在这个基础上进行联结。同样，等联结如鱼得水之后，记忆就不难了。这时候我们对听记数字的节奏感是最好的，你适应了这个节奏之后，在注意力集中的前提下是很容易达到的。

问：你觉得听记数字正确率最关键的是在于什么？

黄：要找到那种稳定的节奏、记忆的心态以及数字的一遍准确。

节奏相当于是一种技巧吧，是需要在练习的过程中去慢慢感悟的。

对于你当时的心态来说，不要太兴奋，也不要太压抑，心态一定要非常平和，你越是想着要记多少啊，你的心不自觉地就会紧张起来，注意力也会走神。

因为听记数字是不能回看回听的，所以数字一遍准确的要求也是很高的。

问：听记数字里面的读联记时间比重你是如何分配的呢？

黄：对于不同水平的人来说，每个人的训练时间也是不一样的，一般来说一个小时左右。对于初学者，可能刚开始大都是在反应编码和联结，记忆只占一小部分时间；对于有一定水平的人来说，可能读联记各占20分钟；对于高手而言，可能读联只占了20分钟，其他40分钟都是在记忆。主要是对于三个方面的侧重点不一样吧！

好的，我们非常感谢黄胜华对于听记数字这个项目的解答！

CHAPTER TEN

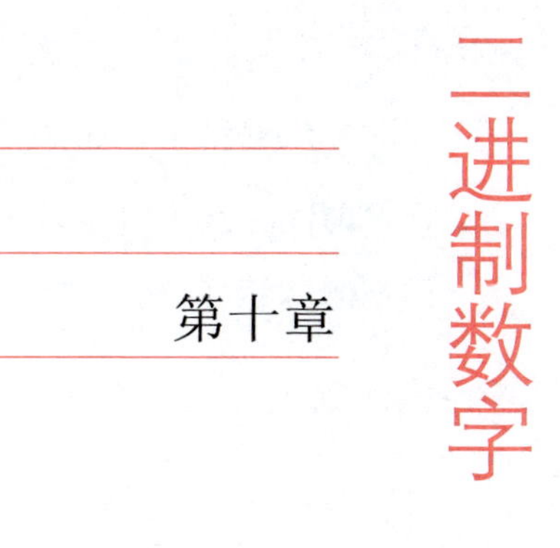

第十章 二进制数字

第一节　二进制数字比赛规则

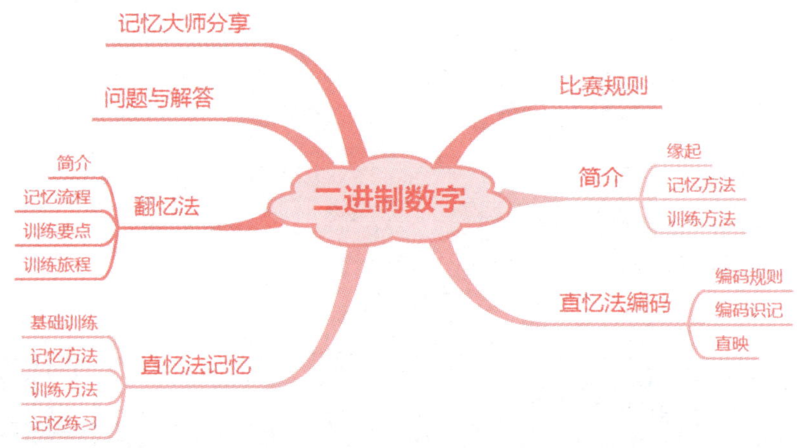

目标：尽量记下更多的二进制数字（如01101）并正确地回忆起来。

记忆时间：30分钟

回忆时间：60分钟

记忆部分

（1）计算机随机产生数字，每页25行、每行30个（即每页750个数字）。

（2）比赛问卷数字的题量为现时世界纪录加上20%。如果选手可以记忆更多的数字，必须在比赛一个月前向组委会提出书面申请。

（3）参赛者可以使用直尺、笔等文具。

回忆部分

（1）选手的答卷字迹必须清晰，因为计分将使用特定的透明胶片。

（2）参赛者必须在答卷中清楚标示其作答的行号（空白行数亦须清楚标示）。

（3）选手可以选择以空白格代替“0”，但每页的作答必须一致，即全是空白格或全是“0”，如果所有的空白格将当作“0”，结束行必须有该行完结的记号。

（4）在最后的一行中，参赛者必须作出一个清楚的完结记号，如“stop”“end”“E”“e”或在最后作答的一格后划上一条横线。如没有明确标示，只会以该行的最后一个“1”作为该行的终结。

计分方法

（1）完整写满并正确的一行得30分。

（2）完全写满但有一个错处（或漏空）的一行得15分。

（3）完全写满但出现两个及以上错处（或漏空）的一行得0分。

（4）空白行数不会倒扣分。

（5）最后一行：如果最后一行没有完成（如只写上20个数字），且所有数字皆正确，其所得分数为该行作答数字的数目（于该例即20分）。

如果最后一行没有完成，但有一个错处（或漏空），其所得分数为该行作答数字的数目的一半。如为单数者调高至整数，例如，作答了29个数字，但有一个错处，分数将除以2，即29/2=14.5，四舍五入，分数调高至15分。

（6）如果出现相同的分数，从选手答卷中已作答却没有得分的行数中计算其正确作答的数字数目，以每个正确作答的数字为1分决定分进行计分，决定分较高者胜。

第二节　二进制数字简介

一、缘起

1991年的第一届世界记忆锦标赛，参赛选手和媒体都投入了巨大的热情，在社会上引起了强烈反响。第二年，多米尼克先生向主办方提议，将计算机工作语言——二进制数字（1代表on，0代表off）引入比赛。多米尼克先生认为，二进制数字项目不仅对参赛选手的记忆力和创新性是一个很好的挑战，而且对想要提升脑力的人来说也是一项很好的练习。

二、二进制数字记忆方法

二进制数字项目，目前主要有两种记忆方法：一种是直接记忆二进制数字（以下称为“二进制直忆法”，简称“直忆”），一种是翻译成十进制数字记忆（以下称为“二进制翻忆法”，简称“翻忆”）。诚然，从往届比赛来看，很多选手是用二进制翻忆法进行训练和比赛的，但是，对于想冲刺更高成绩的选手，尤其是专业选手而言，会毫不犹豫地采用二进制直忆法。

三、二进制数字训练方法

二进制数字比赛项目，不论是直忆法还是翻忆法，其训练方法主要包括训练流程、训练旅程、记忆节奏和记忆状态四个方面。

第三节　二进制直忆法编码

一、二进制数字编码规则

二进制数字的编码全部采用数字编码，转换规则如下：

000	001	010	011	100	101	110	111
0	1	2	3	4	5	6	7

转换说明：

000：$0+0+0=0$

001：$0+0+2^0=1$

010：$0+2^1+0=2$

011：$0+2^1+2^0=3$

100：$2^2+0+0=4$

101：$2^2+0+2^0=5$

110：$2^2+2^1+0=6$

111：$2^2+2^1+2^0=7$

二进制数字编码列表

根据上述转换规则，我们将三位二进制数字转换为一位十进制数字；由于本教程采用国内主流的二位数编码体系，故我们将六位二进制数字转换为二位十进制。

使用数学公式测算得出，六位二进制数字共计2^6=64个。

二进制数字	十进制	二进制数字	十进制	二进制数字	十进制
0 0 0 0 0 0	00	0 1 1 0 0 0	30	1 1 0 0 0 0	60
0 0 0 0 0 1	01	0 1 1 0 0 1	31	1 1 0 0 0 1	61
0 0 0 0 1 0	02	0 1 1 0 1 0	32	1 1 0 0 1 0	62
0 0 0 0 1 1	03	0 1 1 0 1 1	33	1 1 0 0 1 1	63
0 0 0 1 0 0	04	0 1 1 1 0 0	34	1 1 0 1 0 0	64
0 0 0 1 0 1	05	0 1 1 1 0 1	35	1 1 0 1 0 1	65
0 0 0 1 1 0	06	0 1 1 1 1 0	36	1 1 0 1 1 0	66
0 0 0 1 1 1	07	0 1 1 1 1 1	37	1 1 0 1 1 1	67
0 0 1 0 0 0	10	1 0 0 0 0 0	40	1 1 1 0 0 0	70
0 0 1 0 0 1	11	1 0 0 0 0 1	41	1 1 1 0 0 1	71
0 0 1 0 1 0	12	1 0 0 0 1 0	42	1 1 1 0 1 0	72
0 0 1 0 1 1	13	1 0 0 0 1 1	43	1 1 1 0 1 1	73
0 0 1 1 0 0	14	1 0 0 1 0 0	44	1 1 1 1 0 0	74
0 0 1 1 0 1	15	1 0 0 1 0 1	45	1 1 1 1 0 1	75
0 0 1 1 1 0	16	1 0 0 1 1 0	46	1 1 1 1 1 0	76
0 0 1 1 1 1	17	1 0 0 1 1 1	47	1 1 1 1 1 1	77
0 1 0 0 0 0	20	1 0 1 0 0 0	50		
0 1 0 0 0 1	21	1 0 1 0 0 1	51		
0 1 0 0 1 0	22	1 0 1 0 1 0	52		
0 1 0 0 1 1	23	1 0 1 0 1 1	53		
0 1 0 1 0 0	24	1 0 1 1 0 0	54		
0 1 0 1 0 1	25	1 0 1 1 0 1	55		
0 1 0 1 1 0	26	1 0 1 1 1 0	56		
0 1 0 1 1 1	27	1 0 1 1 1 1	57		

二、二进制数字编码识记

在知晓了二进制数字编码规则以后，我们可以使用二进制数字表来识记二进制数字编码，每看到一个六位二进制数字，立即反应出其对应的编码图像，顺利反应出图像就继续往下训练，遇到反应速度慢的可以用笔标记一下。等一轮训练完成以后，把不熟悉的二进制运用反复强化或者联想的方式来加强记忆，同时拿出数字编码表（图像文档）查看巩固一遍。之后，再投入下一轮训练，循环往复，直至达到1秒/个的速度。

为了给下一步的直映训练打基础，我们需要找出每一个六位二进制数字的记忆特征。找特征的时候，可以把相邻的数字放在一起，比较它们的异同，区别并确认每一个六位二进制数字的记忆特征。进而，我们可以发挥想象力，将二进制数字的记忆特征与编码关联起来，这样看到六位二进制数字就可以联想到编码。例如010001（鳄鱼），我们可以想象成“010001”像是鳄鱼张开大嘴吞噬猎物，第1个“0”像鳄鱼嘴外残留的猎物局部，两个“1”像鳄鱼嘴巴两侧尖利的牙齿，两个“1”中间的“000”像鳄鱼嘴内夹着的猎物大部。当想不起“010001”的编码时，就可以这样把“鳄鱼”联想出来。

为了深入识记二进制数字编码，除了像快速数字那样运用“六感”观察和观想编码图像，还需要在大脑屏幕上清晰完整地呈现出64个六位二进制数字的图案。

三、二进制数字直映

在识记二进制数字编码的基础上，可以进行二进制数字的直映训练，以期看到二进制数字后不假思索地反应出清晰完整、富有感受的编码图像。

（一）二进制数字直映训练流程

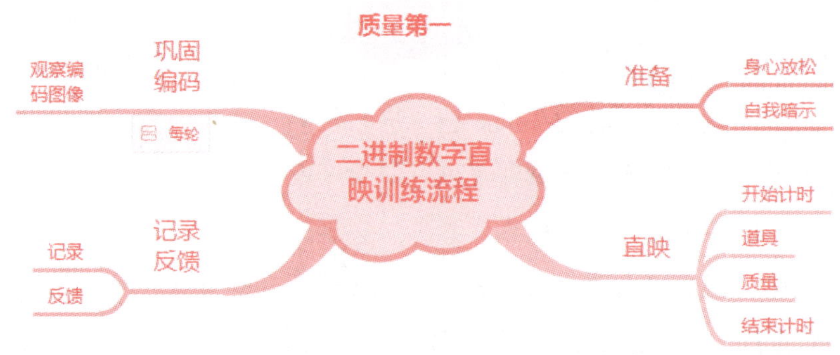

二进制数字直映训练流程主要包括准备、直映、记录反馈和巩固编码四个大的阶段。

其中，直映是将记忆卷上的二进制数字以编码的形式输入大脑。在训练过程中，对于密密麻麻的二进制数字，有些选手会错位甚至串行，所以可以用手指或笔指引，当然也可以使用组委会允许的画有分界线的透明胶片。

其他方面可以参考快速数字相关章节的内容。

（二）二进制数字直映训练旅程

二进制数字的直映训练，从1页（750个二进制数字）起步，训练目标为100秒/页。如果1页二进制的直映训练已经非常流畅，就升级为一次训练2页；如果2页的直映训练也非常流畅、快速，就升级为一次训练4页……依此类推，直至进入联结和记忆训练阶段。

第四节　二进制直忆法记忆

一、二进制数字联结训练

以平和的心态开启二进制数字联结训练旅程，坚信通过联结训练肯定能为准确、快速记忆二进制数字打下坚实的基础。

对于联结训练，从1页（750个二进制数字）起步，训练目标为90秒/页。如果联结1页二进制数字非常流畅，就升级为一次联结多页……坚持训练和思考总结，终会达到乃至超越90秒/页的训练目标。

二、二进制数字直忆法的记忆方法

二进制数字直忆法的记忆方法是地点定桩法，即每个地点桩放2组六位二进制数字。

三、二进制数字直忆法的训练方法

二进制数字训练方法主要包括训练流程、训练旅程、记忆节奏和记忆状态。在此，我们着重了解训练旅程。

对于二进制数字直忆法记忆训练旅程，从8行（240个二进制数字）起步，训练目标为90秒/8行。如果直忆8行二进制数字非常流畅，就升级为一次记忆更多行……依此类推，坚持训练和思考总结。

二进制数字记忆训练的里程碑参考：

入门级：30分钟420个

普通级：30分钟840个

达人级：30分钟1200个

高手级：30分钟1800个

大师级：30分钟2700个

冠军级：30分钟5000个

四、二进制数字记忆练习（直忆法）

在这幅图中找5个地点桩：台灯、沙发、茶几、电视机、盆栽。现在，我们就用这5个地点桩来一起记忆60个二进制数字吧！

0 0 1 1 0 1 1 0 1 0 0 1 1 0 0 1 0 1 1 1 0 1 0 0 1 1 1 0 1 1 Row1
1 1 0 1 0 0 1 0 0 0 0 1 1 0 1 0 0 0 1 1 1 0 1 1 1 0 0 1 0 1 Row2

第一个地点桩：台灯；记忆材料：001101（鹦鹉）、101001（狐狸）。

记忆：一只鹦鹉（001101），爪子抓着一只白色的狐狸（101001），飞到了台灯上。

第二个地点桩：沙发；记忆材料：100101（师父）、110100（牛屎）。

记忆：用一件袈裟（100101）盖住沙发上一坨臭烘烘的牛屎（110100）。

第三个地点桩：茶几；记忆材料：111011（鸡蛋）、110100（牛屎）。

记忆：打开一个鸡蛋（111011，就像我们在厨房做饭时打开一个鸡蛋那样），从鸡蛋里掉出一坨臭烘烘的牛屎（110100），落在茶几上。

第四个地点桩：电视机；记忆材料：100001（话筒）、101000（武林高手）。

记忆：话筒（100001）发出一圈一圈的声波，震荡着倚靠在电视机上的武林高手（101000）。

第五个地点桩：盆栽；记忆材料：111011（鸡蛋）、100101（师父）。

记忆：打开一个鸡蛋（111011，就像我们在厨房做饭时打开一个鸡蛋那样），从鸡蛋里掉出一件闪闪发光的红色袈裟（100101），落在盆栽上。

记完了60个二进制数字，先在脑海中回忆一遍，然后开始答题吧。

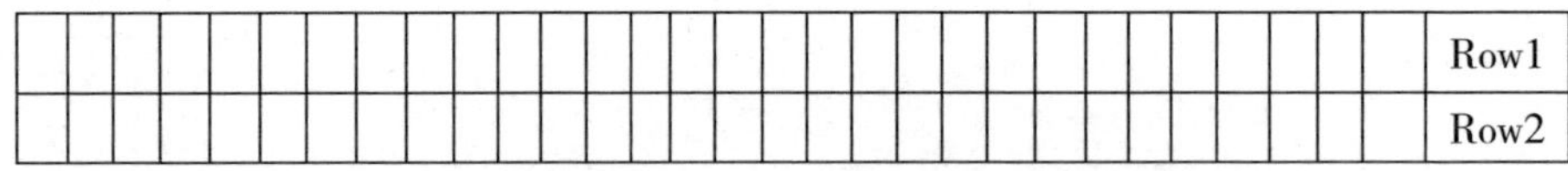

答题时，一般先写出十进制数字（可以用铅笔写在格子上方）并检查确认，然后再在答卷上翻译誊写二进制数字，也就是逆翻译。翻译出来的二进制数字同样要注意检查。

第五节　二进制翻忆法

一、二进制翻忆法简介

二进制翻忆法是指把二进制数字翻译成十进制数字进行记忆的方法。记忆阶段：首先，把二进制数字翻译成十进制数字；然后，按照记忆快速数字的方式方法来记忆十进制数字。回忆阶段：首先，书写十进制数字；然后，再翻译成二进制数字。为了便于阐述，我们将二进制数字翻译成十进制数字的过程简称为“翻译”，将十进制数字翻译回二进制数字的过程简称为“逆翻译”。

由定义可知，二进制翻忆法是以快速数字为基础的。一般在5分钟快速数字达到280个以上的时候方才开始训练二进制翻忆法。

二、二进制翻忆法的记忆流程

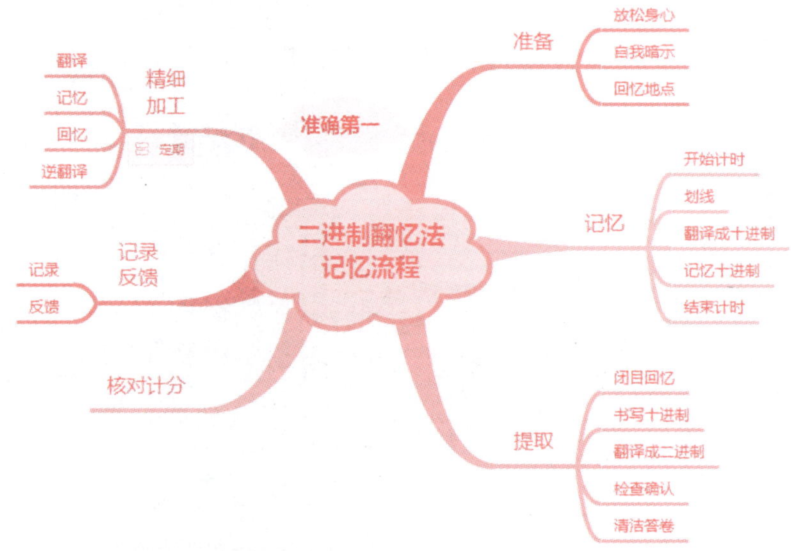

（一）准备

放松身心，自我暗示，回忆地点，进入专注、平和的记忆训练状态。

（二）记忆

1. 按下秒表，开始计时

2. 划线

在二进制数字项目中，参赛者可以使用直尺、笔等文具。记忆阶段开始后，首先在记忆卷上划线，划线规范如下：其一，每6个二进制数字划一条竖线；其二，像闪电般快速划过。为了节约时间，每页只划4条竖线，无需再划其他线。

3. 翻译

每六位二进制数字翻译成二位十进制数字。翻译出来的十进制数字可以写在这一行二进制数字的下面，也可以写在这一行二进制数字的上面；在保证一眼看到完整的六位二进制数字的前提下依据个人喜好选择，在此推荐写在下面。翻译时可以一列列地翻译，也可以一行行地翻译，在此推荐按列翻译。为了保持平稳的记忆节奏，很多选手会选择只翻译和记忆每页二进制数字的前24行，这样每页的最后一行也就不用翻译了。

4. 记忆十进制数字

翻译完所需记忆的内容以后，就开始按照快速数字的方式方法进行记忆。

5. 按下秒表，结束计时

（三）提取

1. 闭目回忆

一般情况下，我们在记忆结束后并不急于奋笔疾书地作答，而是先闭目回忆，回忆完毕再开始从容地书写答卷。

2. 书写十进制

把十进制写在回忆卷上，书写完毕立即检查，保证书写正确无误。一般有两种书写十进制的方式。一是在回忆卷单元格的上部用铅笔书写十进制，一般在回忆卷上每4行书写40个十进制。原因有二：其一，40个十进制数字对应10个地点桩，这符合一般人的地点桩回忆节奏，也便于利用地点桩节点及时发现错误；其二，40个十进制数字可以翻译成4行二进制数字（120个），万一在翻译过程中有误，可以将错误控制在小范围内，便于更改。二是在回忆卷剩余的空白页书写十进制（比赛中数字的题量为现时世界纪录加上20%，对于大部分选手来说都会产生剩余的空白页），同时注意每40个十进制划定一个节点，便于控制翻译过程和质量。

3. 逆翻译

把十进制翻译成二进制，翻译完毕立即检查，保证翻译正确无误。

4. 清洁答卷

如果是在回忆卷单元格上部用铅笔书写的十进制，就用橡皮把十进制数字擦掉，以保证卷面整洁，方便裁判计分并降低异议风险；如果是在回忆卷剩余的空白页上书写的十进制，可以打叉作废。

（四）核对计分

按照计分规则计分。

（五）记录反馈

参见快速数字相关章节的内容。

（六）精细加工

在技术上，我们主要从翻译、记忆、回忆和逆翻译四个方面进行精细加工。

三、二进制翻忆法的训练要点

从二进制翻忆法的记忆流程可知，翻忆法的训练主要有三个要点：一是翻译，二是记忆节奏，三是逆翻译。

二进制翻忆法在记忆阶段主要做两件事：一是将二进制数字翻译成十进制数字，二是记忆十进制数字，这两件事的时间此消彼长。为了赢得更多的记忆时间，我们需要不断压缩翻译时间，这也是二进制翻忆法训练初期的主要内容。

由于翻译出来的十进制数字分布与常规的快速数字不一样，所以我们要按照翻译出来的十进制数字进行联结训练和记忆训练，以找到最合适的记忆节奏。

二进制翻忆法在回忆阶段需要将十进制数字翻译回二进制数字，这对很多选手来说都是一项不小的挑战，尤其是低年龄的选手，所以我们要通过训练做到快速流畅的逆翻译，以保证整个回忆阶段的答题节奏相对稳定。

四、二进制翻忆法的训练旅程

二进制翻译法在训练初期主要进行翻译训练，一般从1页（750个二进制数字）起步，翻译流畅就升级为一次翻译4页……逐渐过渡到联结、记忆和逆翻译训练，继续坚持训练和思考总结方可不断超越自我，达到更高的目标。

第六节　二进制数字常见问题与解答

问题1：在刚开始接触二进制数字的时候，应该先从哪个环节开始?

答：我们在刚开始训练二进制数字的时候，可以先从识记入手，先熟练掌握二进制转换为十进制的方法，然后就是直映，每看到一个六位二进制数字立即反应出其对应的编码图像。

问题2：我很容易在逆翻译这个阶段出错，请问怎么解决这个问题?

答：二进制逆翻译，是指在回忆阶段需要将十进制数字翻译回二进制数字。这对很多选手来说都是一项不小的挑战，尤其是低年龄的选手，有时候漏写一个地点桩就可能让二进制错误连连。我们可以先把记忆过的十进制数字书写出来，然后再对照十进制一个一个地翻译成二进制，这样就相对简单了很多，大脑也有足够的空间去处理好这件事情。

问题3：我采用的是二进制翻忆法，是不是数字基础好了，二进制也会很好?

答：理论上是这样的。在二进制记忆阶段主要做两件事：一是将二进制数字翻译成十进制数字，二是记忆十进制数字。所以，这个推论成立的前提条件是翻译的熟练程度很高。如果你对二进制与十进制之间的转换不是特别的熟悉，可能你5分钟数字能够记忆320个，但5分钟二进制可能只记到360个左右。

第七节　记忆大师分享二进制数字

分享者：谢超东

人物简介：亚洲记忆大师、世界记忆锦标赛河南赛区总冠军、世界记忆大师

二进制，顾名思义，即记忆无顺序的数字0与1。大体记忆方法与十进制数字差不多，即用记忆宫殿将二进制翻译成十进制，放到地点上进行记忆。下面我将从翻译、基本功训练以及30分钟记忆这三方面来讲述一些我的心得。记忆达人很多，我写的肯定不是最好的，也不一定适合你们，但是希望对你们的一些训练有些许帮助吧。

第一，从翻译的角度来讲述。一般来说，有两种翻译方式：纸上翻译与心里翻译。其一，纸上翻译：老选手一般都是纸上翻译，即竖排6个一划线，将二进制翻译成十进制，然后按照十进制数字进行记忆。我用的就是这一种。其二，心里翻译：用模板或划线或不划线，十进制也不写在纸上，心里直接翻译成十进制放地点上进行记忆。据我所知，顶尖高手一般都用这种方式，如中国总冠军石彬彬、最强大脑黄胜华等。我目前也有在改，但是由于受之前纸上翻译的影响，不一定在有效时间内改得过来。

如果是新手学习，我建议选择第二种，即心里翻译进行练习。可以先练读数与联结，到一定水平之后，如一页联结2分半左右，就可以开始进行记忆。或者边练读与联，边记忆。具体地，由于我练得水平不高，也不好指导。

下面，我将从纸上翻译的角度谈谈二进制的基本功训练与30分钟记忆策略。

第二，二进制的基本功训练。从三方面来讲：其一，可以练习二进制转十进制的纸上翻译，一般来说将一页翻译练到2分钟以内算是一个不错的水平了。我最好的成绩是1分34秒，一般是1分40多秒。其二，这一页翻译完了之后，可以练习这一页的联结，我目前的成绩是35～40秒，新手可以先50秒左右，朝40秒努力。其三，练习一页一遍的能力。可以先从半页，相当于120个十进制练习起。之后基本功扎实了，可以练习一页一遍（相当于240个十进制）。

我是因为一遍的基本功还差一点，所以一般练习一页两遍（你们可以依据自己的实际情况来选择，我觉得最好是先练一遍吧）。当我5分钟十进制数字280个左右时，我一开始是一页两遍7～8分钟（加翻译），即2015年香港赛的时候，最后30分钟能记3页，2100左右，最后对了1900多。2015年世界赛时，我是一页两遍4分半左右，能记4页，最后对了2700多。2016年日本赛（我5分钟十进制是360个左右），二进制是5分钟，我记了720，看了三遍，全对。这时我一页两遍一般4分钟了（都是加翻译的）。但是我觉得，如果我一开始就练习心里翻译的话，那我比赛5分钟可能就能记1页多。

第三，30分钟记忆策略。假如说我记4页：因为我之前基本功训练是练习一页两遍为主的，所以我一般一页看两遍，基本能全对，5分钟左右。这样子记忆4页，每一页都是两遍，大概到了20～22分钟左右。这时我就不往下面记了，就只复习，一般还能复习1～2遍。所以，我总共是4页，半小时看3～4遍，以保证正确率。这样子记下来，我一般很少出差错，错的话也不多，能保证水平的稳定发挥。

以上，就是我记忆二进制数字的些许心得，希望对你们能有所帮助。

CHAPTER ELEVEN

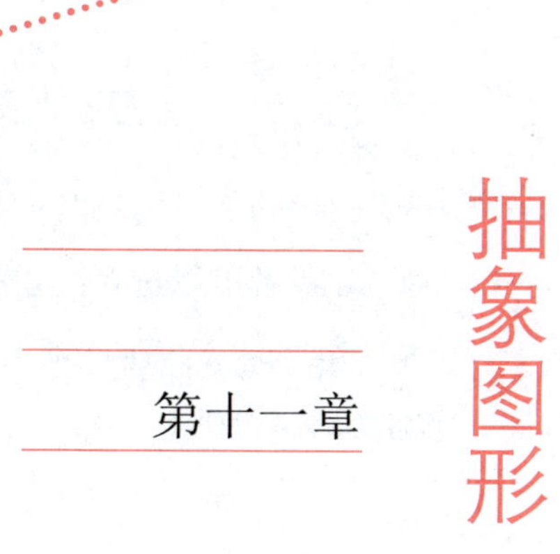

第十一章 抽象图形

第一节　抽象图形比赛规则

目标：尽量多地记忆，并在回忆时将每行的正确次序标注出来。

记忆时间：15分钟

回忆时间：30分钟

记忆部分

（1）每张问卷纸中有50个图形，共10行，每行5个。这些图形均按一定的顺序排列。

（2）每行有5个图形，每行独立计算分数，大于一行的次序将无效，即6、7、8、9、10、11、12等。

（3）图形的数量为现时世界纪录加上20%。

（4）参赛者可以选择问卷的任意一行开始记忆。

（5）重要提示：在该项目的记忆过程中，桌面上不能有任何的书写工具（如圆珠笔或铅笔）、量度工具（如间尺）和额外的纸张。

回忆部分

（1）答卷的格式与问卷格式大致一样，内容与记忆卷的一样，每行的5个图形次序不一样。

（2）参赛者必须在答卷上的每个图形下用1、2、3、4、5写出原来问卷中的图形顺序。

计分方法

（1）每行正确作答得5分。

（2）答卷中如一行有遗漏或错误，该行倒扣1分，即得分为–1（按行扣分，即每行不论错多少个都只扣1分，而不是一个错误扣1分）。

（3）答卷不作答或空白的行数不扣分。

（4）总分为负数者将以0分计。

第二节　抽象图形简介

2006年，多米尼克先生为世界记忆锦标赛引入了一个新的比赛项目——抽象图形，这对人的观察力、想象力和记忆力都是一个完美的测验。

一、抽象图形的定义

抽象是具象的相对概念，其本义是指人们在认识思维活动中对事物表象因素的舍弃和对本质因素的抽取。具体到抽象图形，就是与自然物象极少或完全没有相近之处，而又具有一定形式的构成面貌的图形。

二、抽象图形的认知

从比赛试题来看，抽象图形以斑点、直线、曲线、圆形、方形、三角

形、条纹、纹路等单纯造型作为单位基本形，在一定程度上发生衍生变化，比如增加数量、曲折、渐层等，再进行多样化的排列组合，从而产生丰富多样的构图形态。根据观察，抽象图形具有以下特点：①各种构成要素随机组合；②抽象图形是二维静止的黑白画面；③抽象图形的尺寸相对一致。

老子《道德经》："有无相生，难易相成……"，是引导我们正确认识抽象图形的一种思辨式的思维方法。有无相生，是指有和无是可以相互转化的，也指矛盾双方的对立与转化和阴阳相生的关系；难易相成，是指难和易是相互转化的。抽象图形从表面上看生涩难懂、毫无章法，什么也看不出来；但是，我们换个角度，从事物最本质的层面去认识它，就不会钻进抽象图形的迷宫里去，与此同时借助想象将其转化成具象图形，就可以享受到它给我们带来的一目了然、栩栩如生的感觉。

首先，我们从科学研究的角度来了解一下抽象的本质。认知生命科学研究表明，人们在观察世界的时候，并不仅仅是用眼睛看，而且要用视觉来感受。而视觉最主要的特点就是有所选择，它选择自己感兴趣的东西来关注，删去次要信息，抓住主要要素——这就是一个抽象过程。

其次，我们从现实生活，比如抽象画的创作过程中，欣赏这一美妙的抽象过程。以20世纪荷兰抽象画家凡·杜斯堡创作《奶牛》的过程为例，我们首先看到的是一头十分容易辨认的奶牛，经过两个阶段的抽象，牛渐渐变成了几何模块，与此同时画中模块的明暗对比增强了，亮处更亮，暗处更暗，最后呈现的就是牛的抽象画。

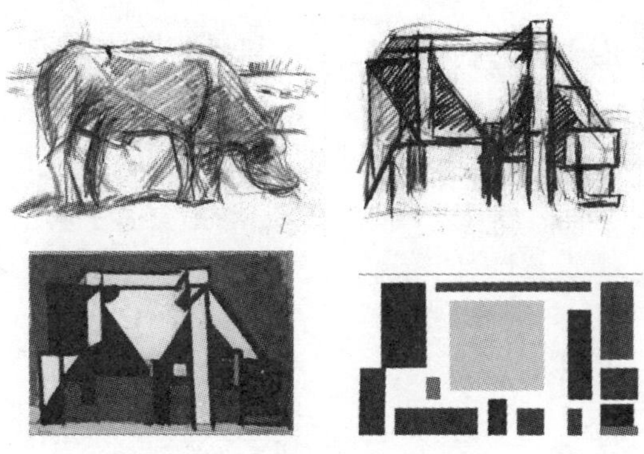

在知悉了这个抽象过程的情况下，我们也许很快就会知道这是画的一头牛。如果对这一抽象过程不知情，那么我们可能很难直观地看出这是什么，我们可能会把这幅画想象成是烟囱、房顶或者其他。

三、抽象图形记忆方法

我们一起来看一下抽象图形的记忆卷与回忆卷（以1行为例）。

在记忆卷上，每页有10行，每行有5个按顺序排列的黑白抽象图形。

Seq: Seq: Seq: Seq:

在回忆卷上，每页10行的行号与记忆卷一致，但是每一行内部的所有图形都打乱顺序、重新排列，参赛选手必须按照记忆卷上的顺序用阿拉伯数字在“Seq：”后写上该图所对应的序号，即1、2、3、4、5。

对于记忆抽象图形的顺序，我们主要采用图像记忆法中的定桩记忆法。当然，也有部分选手使用串联联想法。

四、抽象图形训练方法

抽象图形训练方法主要包括训练流程、训练旅程、记忆节奏和记忆状态四个方面。

第三节　抽象图形编码

一、抽象图形编码认知

抽象图形是一个锻炼想象力和联想能力的绝佳项目，记忆的关键在于看到某个抽象图形时快速联想到具体、清晰的图像。因此，在训练初期，我们要构建抽象图形编码体系。

抽象图形编码，是指通过联想、想象把抽象的图案形象化，使我们获得一个有意义的具体图像。这展现了抽象与形象之间互相转化的生动关系。

阿拉伯数字、二进制数字和扑克等项目都是事先定义好了编码，随机词汇需要自定义编码，抽象图形也需要自定义编码，所以说，从编码角度，抽象图形和随机词汇都是需要自定义编码的记忆材料。

为了更快更准地记忆抽象图形，我们首先得学会认识它。一般地，我们从纹理和形状两个维度去认识抽象图形。

二、抽象图形编码方式

在抽象图形认知的基础上，结合记忆大师训练和教学实践经验，我们主要从纹理和形状两个维度将抽象图形转化成生动有趣、具体形象的熟悉图像。在此，我们将抽象图形这两个维度的视觉编码方式称为纹理编码和象形编码。

所谓纹理编码，顾名思义，是指从抽象图形的纹理特征出发联想到熟知的具体图像。比如，第4个的纹理像是一块大理石……

注释：①纹是指物体表面的花纹或纹路，纹的初文即“文”，象形字，最初是指乌龟壳上的纹路，加糸字旁专指丝织品的花纹，后引申为物体表面的花纹；②理原义同“玉”，专指石材的纹路和细腻程度，后引申为加工雕琢玉石。由此可见，纹理泛指物体面上的花纹或线条。

所谓象形编码，是指我们从抽象图形的整体或局部形状特征出发联想到熟知的具体图像。比如，第1个的整体形状像是一只旋转的风车……

三、抽象图形编码示例

（一）纹理编码

抽象图形1

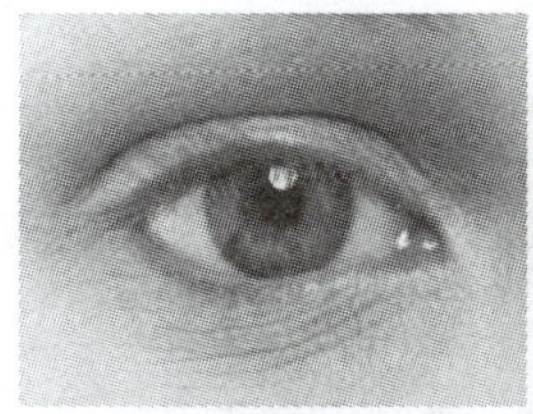

眼睛

罗马斗兽场

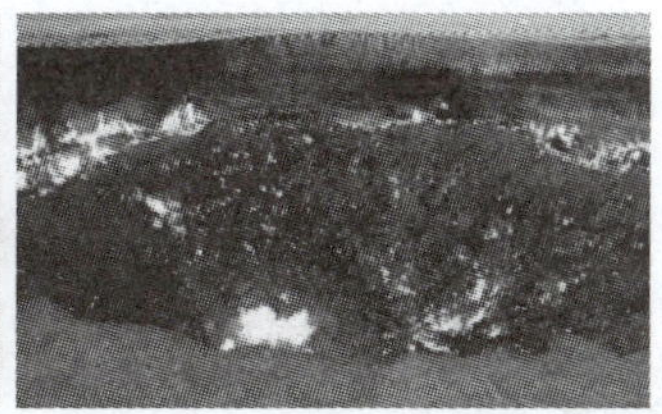

爆炸

抽象图形2

墨水

砚台

煤炭

（二）象形编码

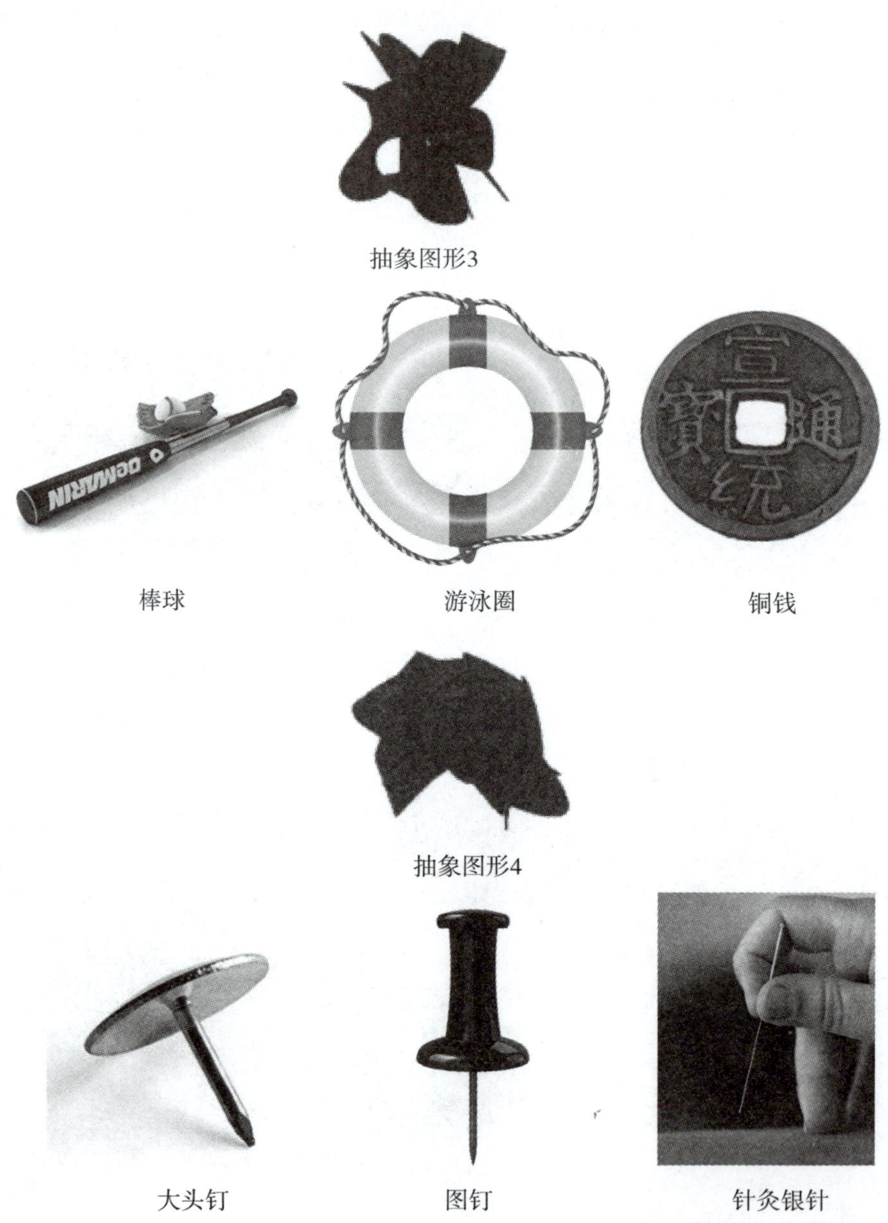

抽象图形3

棒球 游泳圈 铜钱

抽象图形4

大头钉 图钉 针灸银针

因为抽象图形编码的主观性非常强，所以我感觉合适的编码你不一定认为合适。根据你的第一直觉来，只要你自己喜欢，应用起来也很顺畅就好了。就像上面这些示例，同一个抽象图形，不同的人会编制不同的编码。

四、抽象图形编码练习

抽象图形编码练习的目的是，逐步提升编码能力，并通过练习获得一套自定义的抽象图形编码。练习的思路是，使用一套比赛试题进行反复训练，其间潜心琢磨，不断总结，精心打磨，分享交流。最终，我们可以收获一套适合自己的抽象图形编码。更重要的是，这个练习过程还可以让我们收获编制抽象图形编码的能力。

第一，一套适合自己的抽象图形编码，就好像快速数字项目拥有的100个数字编码一样，可以促进直映训练，加速我们的训练进程，更能提升我们的训练质量。同时，我们也要清醒地认识到，采用一套试题编制的编码是有局限性的，所以我们的抽象图形编码会在后续训练过程中持续更新完善。

第二，我们采用一套试题总结出来的抽象图形编码显然无法涵盖所有的抽象图形，所以掌握编制抽象图形编码的能力是抽象图形编码练习过程给予我们的弥足珍贵的财富。其一，我们可以在接下来的直映、联结和记忆训练中应用这项能力来快速处理未在编码范围内的抽象图形；其二，编码能力也是我们掌握迁移记忆能力的重要环节。

让我们拿出一套试题，马上开始练习吧！

第四节　抽象图形记忆

一、抽象图形基础训练

抽象图形直映和联结训练是记忆的基础，在初期我们将进行海量的高强度直映和联结训练。接下来就按照训练流程和旅程开启直映、联结训练之旅吧！

（一）抽象图形直映训练

运用抽象图形记忆卷或回忆卷进行直映训练，从1页（50个抽象图形）起步，训练目标为3分钟/页。如果1页的直映训练已经非常流畅，就升级为一次训练2页……直至进入联结和记忆训练阶段时停止直映训练。

抽象图形直映训练流程可以参考快速数字直映训练流程。

（二）抽象图形联结训练

运用抽象图形记忆卷或回忆卷进行联结训练，从1页（50个抽象图形）起步，训练目标为1分钟/页。如果1页的联结训练已经非常流畅，就升级为一次训练2页……海量的高强度联结训练是抽象图形记忆训练的基础。

抽象图形联结训练流程可以参考快速数字联结训练流程。

二、抽象图形记忆方法

在抽象图形联结达到一定水平后，我们就可以开始做大量的抽象图形记忆训练。对于抽象图形，我们主要使用地点定桩法进行记忆。

三、抽象图形记忆训练方法

抽象图形记忆训练方法主要包括训练流程、训练旅程、记忆节奏和记忆状态四个方面。其中，抽象图形记忆训练流程可以参考快速数字记忆训练流程。

抽象图形记忆训练旅程，从每次记忆1页起步。当记忆1页抽象图形非常流畅时，晋级为一次记忆2页……依据经验值依次升级。

抽象图形是锻炼想象力和编码能力的绝佳项目，对我们的想象力和记忆能力帮助极大。通过抽象图形记忆训练以后，我们不论遇到什么类型的记忆素材，都有信心和方法快速准确地将其记忆下来。

抽象图形记忆训练的里程碑参考：

入门级：15分钟50个

普通级：15分钟100个

达人级：15分钟200个

高手级：15分钟300个

大师级：15分钟400个

冠军级：15分钟600个

四、抽象图形记忆练习

现在，我们一起来记忆两行抽象图形。

我们准备4个地点桩：马桶、盆栽、浴缸、洗手台。

第一个地点桩：马桶；记忆材料：第一个和第二个抽象图形。

第一个像一架飞翔的飞机，第二个像一只长鼻猴。

记忆：一架飞机撞到了一只坐在马桶上的长鼻猴。

第二个地点桩：盆栽；记忆材料：第三个和第四个抽象图形。

第三个像一条背对我们的眼镜蛇，第四个像一只张开嘴的鸭子。

记忆：一只眼镜蛇盘绕并咬住了一只鸭子（鸭子在盆栽上）。

注：在竞技比赛中，一般只记忆前4个抽象图形，第5个只需适当关注是否与前4个相似即可。

第三个地点桩：浴缸；记忆材料：第一个和第二个抽象图形。

第一个像一头大象，第二个像一件苗族衣服。

记忆：一只大象用它的象牙和长鼻子挑起了浴缸里的一件苗族衣服。

第四个地点桩：洗手台；记忆材料：第三个和第四个抽象图形。

第三个像一堆流沙，第四个像一只美丽的花蝴蝶。

记忆：一堆流沙从天而降，将一群美丽的花蝴蝶砸落到洗手台上。

我们已经记完了两行抽象图形。现在，看到下面两行打乱顺序的抽象图形，依据刚才记忆的内容开始作答。答题时，在“Seq：”后面填写上相对应的数字（1、2、3、4、5）即可。

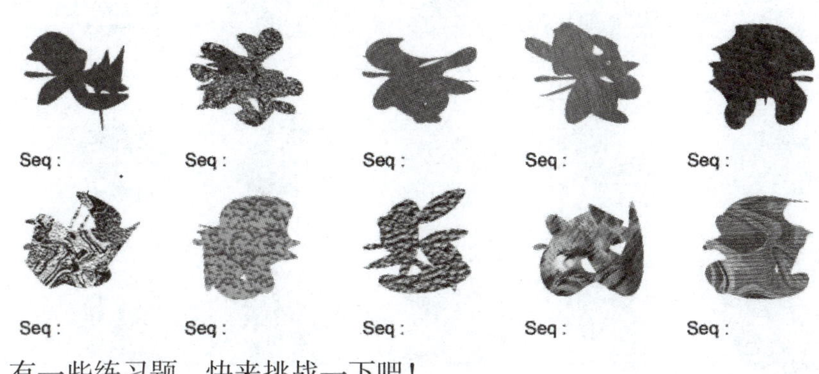

有一些练习题，快来挑战一下吧！

抽象图形记忆卷

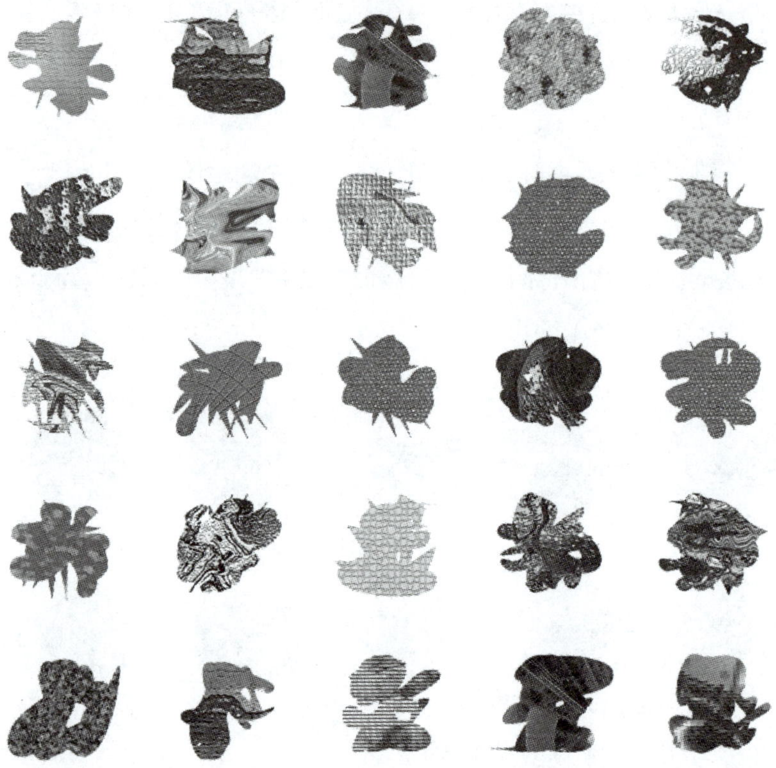

抽象图形回忆卷

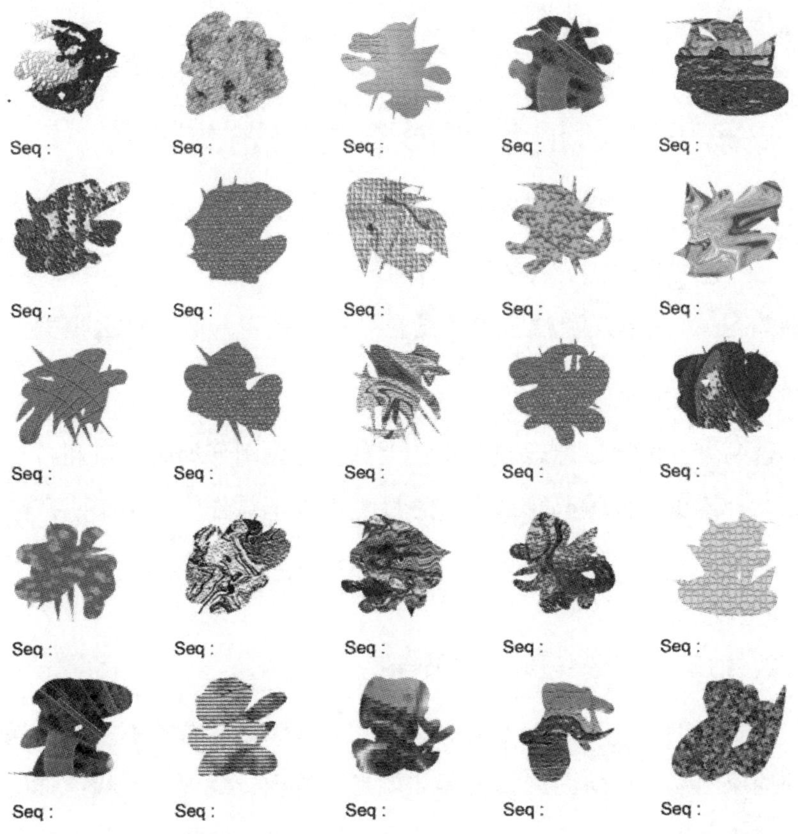

第五节　抽象图形常见问题与解答

问题1：抽象图形是和数字编码结合好？还是看什么像什么根据大脑第一反应好?

答：这两者我们可以综合起来用，大部分抽象图形编码尽量和自己的数字编码相结合，少部分编码总结出来之后也可以不在你的数字编码范围内，比如这个图形黑黑的，给你的感觉就是墨水，那么以后你就可以用墨水来代替这一类的抽象图形。

问题2：抽象图形编码一般多少个合适一些?

答：这里只能给你一个参考的数值，大概在50个左右差不多可以涵盖到大部分的抽象图形。抽象图形编码无非就是从颜色、纹理、形状等维度来区分，颜色主要是黑白灰、黑白相间、纯黑、纯白等，形状大部分也就是三角形、正方形、长方形、椭圆形等。唯独纹理的编码相对来说会多一些。

问题3：抽象图形一条中，如果出现相同的两个抽象图形怎么办?

答：细心的小伙伴会发现，抽象图形没有两个是完全一样的，就好比没有两片完全相同的树叶一样。它们可能颜色相同，但是形状不同；可能纹理相似，但是颜色不一致。我们在编码的时候，可能将某一类抽象图形编制为同一个编码，但是细致地说它们存在差异性，那么我们就利用这些差异在记忆的过程中适当关注并进行区分就好了。

问题4：抽象图形是一页一页地记忆的，怎样复习效果最好呢?

答：记忆复习策略及其效果都是因人而异的，这里以15分钟记忆6页为例来说一下它的几种不同的记忆复习策略。

策略一：第一页记两遍，第二页记两遍……第六页记两遍。

策略二：第一页记一遍，第二页记一遍，第一页、第二页再记一遍。第三页记一遍，第四页记一遍，第三页、第四页再记一遍。第五页、第六页同样如此。

策略三：第一页、第二页、第三页，一次性记完一遍，再回头从第一页到第三页，然后四、五、六页同样如此。

策略四：第一页到第六页记一遍，再回头第一页到第六页记一遍。

这些分类最大的不同就是记忆单位的不一样，但是记忆内容是一样的。鉴于每个人的记忆宽度不尽相同，每个人的训练情况也都有一些个性化的方面，所以每个人的最佳策略需要自己在训练中探索，找到平衡准确率和效率的最佳方式，找到最适合自己的就是最好的。

第六节　记忆大师分享抽象图形

分享者：王月茹

人物简介：世界记忆大师，打破了少年组抽象图形项目的世界纪录

抽象图形项目其实只要把抽象图形转换为具体的物体就很容易记了，可以根据每个抽象图形的纹理、颜色和形状进行转化，比如图中有线的可以想成二胡（弦），黑色可以想成泥巴，带刺的可以想成骑士（剑），最好和你的数字编码结合！也可以有个别几个是你的数字编码里没有的，但看到这个抽象图形就能想到一个物体的编码，大概有50到60个编码就差不多了！

初期要多读图、多联结，感受好每一个编码，联结一页能在两分钟左右的时候就可以尝试记忆了。一般我们只记前四个，最后一个不记，但是如果最后一个抽象图形和前四个抽象图形的其中一个重复了怎么办？这个时候就需要用纹理和形状来区分了，先记纹理后看形状，所以在记忆的时候一定要留意最后一个抽象图形是不是和前四个有重复，如果有，立刻做出调整，同时这也是出错率最多的地方。还有，在刚开始记忆的时候图像容易飘，定不下来，其实这时候只要你多练多感受就可以解决。

第一次记忆建议大家不要记太多，因为第一次记忆的感觉和准确率可以提高你的信心。如果你第一次记忆感觉很好，准确率很高，在以后的训练中至少你看到抽象图形不是以一种厌烦的心态去练的。还有，在训练中要多尝试不同的记忆策略，比如我三页看两遍再三页看两遍，要比六页看一遍再六页看一遍的速度和准确率都差一些。所以，在训练中找到适合自己的方法策略是很重要的！

CHAPTER TWELVE

第十二章

人名头像

第一节　人名头像比赛规则

目标：在规定时间内记忆人名和头像，并在回忆时将人名和头像正确搭配，记得越多越好。

记忆时间：15分钟

回忆时间：30分钟

记忆部分

（1）每张不同人物的彩色照片（没有背景的头肩照）下有姓和名。

（2）头像的数量为现时世界纪录加20%。

（3）人名为随机编排，以避免参赛者从头像的种族得到提示。

（4）人名中包含不同的种族、年龄和性别。其中男女比例为50：50，成人和小孩比例为80：20，大约三分之一的成人会是15～30岁，三分之一为31～60岁和60岁以上的长者。

人名和头像来自广泛的族群/地区并会平均分布。

地区	包括
英格兰 / 盎格鲁撒克逊	不列颠、韦尔斯、澳大利亚、北美
欧洲	德国、法国、瑞典、意大利、俄罗斯
中东	阿拉伯、埃及、以色列、土耳其
东亚	中国、日本、韩国

地区	包括
中亚	泰国、菲律宾、越南、马来西亚
远东	印度、巴基斯坦、蒙古
非洲	南非荷兰、津巴布韦、肯尼亚
拉丁／西班牙	西班牙、墨西哥、智利、阿根廷

（5）姓和名是随机编排的（如一个人可能会有欧洲人的姓氏和中国人的名字）。

（6）名字根据性别分配（如女性名字只会配女性头像）。

（7）在比赛中，每个名字或姓氏只会出现一次。

（8）带有连字符号的名字（如苏—爱伦或巴顿—史密夫）将不会使用，因为在一些地方（如中国）会视其为两个名字。

（9）对于用英语作答的选手请注意：中文名字如果是两个字，翻译成英文后以一个字书写，且当中的第二个字以大写起头。如建邦，翻译成英文就是KinPong。

（10）对于用英语作答的选手请注意：有些名字可能会有重音符号（如Éste es mi papá.Él es Paco.），但作答时并不需要写上，分数不会因没有重音符号而减少。

（11）地区赛事中不能有任何族群倾向，如法国赛事中不能只有法国人的名字。所有地区和世界纪录如有任何族群倾向（公布于2011年2月），将以0分计之。

照片的编排为以下其一：

每张A4纸中有三行，每行三张照片

每张A3纸中有三行，每行五张照片

每张A3纸中有四行，每行六张照片

参赛者如不使用欧语字母（如中文、阿拉伯文或北印度文）可在比赛前至少一个月向组委会提出要求，将问卷翻译为其所用的文字。

（12）参赛者可以使用直尺、笔等文具。

回忆部分

（1）答卷上彩色照片的规格与问卷一样，只是照片顺序会打乱，并且没有姓名。

（2）参赛者必须清晰地在照片下方写上正确的姓和名。如问卷中有多于一种的文字（如英文和简体中文），参赛者只能写上其中一种文字。

计分方法

（1）正确的名字得1分。

（2）正确的姓氏得1分。

（3）若只写上姓氏或名字亦可得分。

（4）问卷上不会有重复的姓氏或名字。同样，答卷上不应有重复的姓氏或名字。如有姓氏或名字在答卷上重复多于两次，答卷的分数根据姓氏或名字每个扣0.5分。

（5）错误填写的姓氏或名字得0分。

（6）答卷时在每张照片下写上姓氏和名字，且其次序必须与问卷的相同。如次序颠倒，便作0分计。

（7）没有姓氏或名字不会倒扣分。

（8）总得分有小数点时四舍五入。

（9）如同时使用第二种语言作答，第二种正确答案都将不获得分数。例如，大部分答案为简体中文，有一个英文的答案，使用英文作答的部分将不获分。

（10）如有相同分数，胜出者为较少犯错的那一位。

第二节　人名头像简介

日常生活中，我们大部分人都有过这样的经历：看到某个人的时候，感觉似曾相识，却无法回忆出他或她的名字。在世界记忆锦标赛中，第一个比赛项目就是人名头像记忆，比赛要求在一定时间内记忆尽可能多的人名头像，并在规定时间内在回忆卷上尽可能多地搜寻记过的头像并将其姓名正确书写出来。

一、人名头像的认知

人名头像这个项目，我们可以认为是抽象图形和随机词汇两个项目的结合，其中头像对应抽象图形，人名对应随机词汇。

二、人名头像记忆方法

我们一起来看一下人名头像的记忆卷与回忆卷（以1页为例）。

在记忆卷上，每页有三行，每行有五个人物的没有背景的彩色头肩照，下有姓名。

在回忆卷上，每页同样也有三行，每行有五个人物的彩色头肩照，但是试卷上的所有照片都打乱顺序、重新排列，参赛选手必须在回忆卷上找出自己记过的头像，并将其姓名准确地书写在照片下方。

对于记忆人名头像，我们主要采用图像记忆法中的定桩记忆法。其中，我们使用的桩子是在人物头肩照的基础上构建的头像桩子，简称像桩。

三、人名头像训练方法

人名头像的训练方法主要包括训练流程、训练旅程、记忆节奏和记忆状态四个方面。

第三节　头像桩子

在上一节我们提到，人名头像这个项目可以认为是抽象图形和随机词汇两个项目的结合，其中头像对应抽象图形，人名对应随机词汇。从训练备赛的角度，我们以人物的头肩照为基础构建头像桩子（以下简称“像桩”），对人物的姓和名进行编码，由此可以大大提升我们的训练效率和训练质量。

在创造像桩的时候，我们一般遵循以下原则：第一，使用那个人留下第一印象的事物，或者说你看到这个人时最先注意到的事物；第二，专注于他们的某一特点；第三，对相似的事物进行差异化处理。

一、像桩维度

对于人物的头肩照，我们主要从外在形象和内在气质两个维度将其转化成生动有趣、具体形象的熟悉图像。在此，我们从这两个维度构建头像桩子，分别称为外在形象像桩和内在气质像桩。

二、像桩类别

在记忆比赛中，我们可以直接使用人物照的特征作为桩子；我们也可以进一步联想，使用联想到的人物、物件或场景作为桩子。

其中，对于直接使用人物照的特征作为桩子的，我们常用的像桩主要有两种：一种是人本身的事物，比如头部、脸部特征，以及手势等，例如脸部或身体的特别之处（如一双大手或棕色的眼睛）、手势或肢体语言（挥手或摆个特别的姿势）等；一种是外在的饰物，如红色的领带、蝴蝶结、珠宝首饰等。

三、像桩示例

（一）外在形象像桩

我们可以直接使用阿拉伯的传统服饰作为桩子，比如阿拉伯头巾或白色阿拉伯长袍；我们还可以进一步联想，使用联想到的迪拜帆船酒店或阿拉伯国家盛产的石油作为桩子，如下图所示。

（二）内在气质像桩

这个人物的气质与《三傻大闹宝莱坞》的主角兰彻有几分相似，如下图所示。

如果直接使用兰彻这个人物作为桩子，其他的也直接使用人物桩，就会产生很多的人物桩，纵然这些人物千差万别，但还是会有一定的相似性，在

快速记忆过程中难免会在一定程度上产生干扰；我想，可以借鉴抽象图形的编码规则和地点桩的选取规则，并将二者整合在一起，即使用兰彻这个人物特有的外在饰物或兰彻最喜爱的生活场景，这样整理出来的一套头像桩子就可以有足够大的差异性。比如说，我们使用兰彻创办的学校里的办公室，如下图所示。

当然，有的选手可能会感觉上面这个人物的气质与憨豆先生有几分神似，如下图所示。

由于憨豆先生是一位英国的著名影视演员，所以也可以使用与这名演员相关联的欧式剧院作为头像桩子。

四、练习

练习的目的是通过练习构建一套自定义的头像桩子。练习的思路是使用近年的几套比赛真题进行反复训练，其间潜心琢磨，不断总结，精心打磨，分享交流。最终，我们可以收获一套适合自己的头像桩子（就好像我们训练其他比赛项目拥有很多地点桩一样），而且这个练习过程可以极大地锤炼我们创建像桩的能力。

第四节　姓名编码

姓名本身可以看做随机词汇，其编码方式与随机词汇基本相同，故在此不再赘述。比如，宏茂，可以谐音为“红帽”；哈根，可以用“哈根达斯”来代替；史密斯，可以用“史密斯热水器”来代替；明麦，可以望文生义成明亮的麦子……

马上开始练习，构建一套自定义的姓名编码吧！

第五节　人名头像记忆

一、人名头像记忆方法

人名头像记忆主要采用定桩记忆法，其中桩子是指头像桩子。记忆阶段：将人物姓名定在头像桩子上；回忆阶段：首先搜寻记过的头像桩子，然后根据头像桩子上的信息回忆出人物的姓名。

二、人名头像记忆训练流程

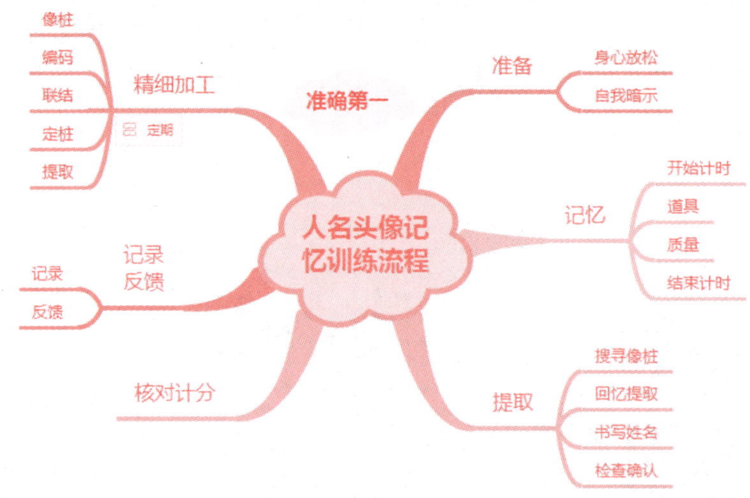

（一）准备

在开始记忆前，先做以下准备活动：一是放松身心，从日常的左脑思维切换到右脑状态；一是积极的自我暗示，帮助我们达到更好的训练效果。

（二）记忆

按下秒表开始计时并同步开始记忆，记忆结束时再次按下秒表停止计时。

Paul Marr
保罗 马尔

NBA球星保罗骑着一匹黑色的马儿驰骋在兰彻的办公室里。

（三）提取

提取时，首先搜寻自己记过的头像，也就是识别像桩，然后再回忆像桩上发生了什么，也就是回忆出他或她的姓名，并将该姓名整齐规范地书写在回忆卷上。书写时建议使用中性笔、油笔等不易涂抹的文具。

书写完毕，立即仔细地检查。一旦发现笔误等错误，按照清晰、规范的原则进行更改。常用的更改方式是：将错误内容划掉，在回忆卷的空白处重新书写。

（四）核对计分

按照计分规则计分。

（五）记录反馈

可以参考快速数字相关章节的内容。

（六）巩固

每轮训练结束，巩固头像桩子或姓名编码。特别强调，在训练过程中不得随意中断。每一轮训练完毕以后，再继续投入到下一轮直映训练中，直至完成自己的训练目标。

（七）精细加工

在技术上，我们主要从像桩、编码、联结、定桩和提取五个方面进行精细加工。

三、人名头像记忆训练旅程

对于记忆训练，从1页（1页15个头像，30个姓与名）起步，训练目标为3分钟/页。

人名头像记忆训练的里程碑参考：

入门级：15分钟15分

普通级：15分钟30分

达人级：15分钟40分

高手级：15分钟60分

大师级：15分钟80分

冠军级：15分钟180分

四、人名头像记忆练习

人名头像记忆卷

鹏飞　布鲁克

爱华　奥之娃

丹增　艾谢哈比

志知　约翰

努尔　张

大卫　史蒂芬

人名头像回忆卷

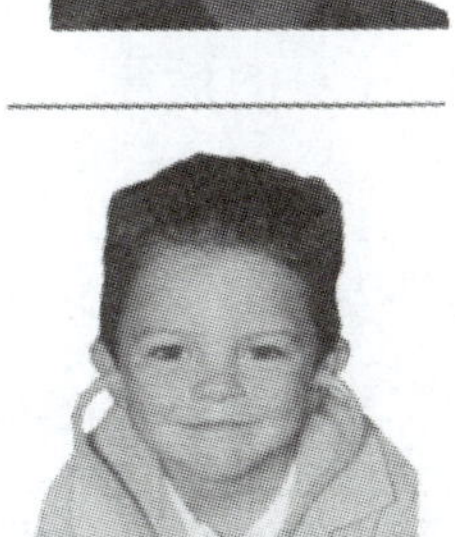

人名头像是一个十分贴近日常生活的比赛项目，让我们在日常生活中用起来吧，享受更多的人生乐趣。

第六节　记忆大师分享人名头像

分享者：李利

人物简介：世界记忆锦标赛广州赛区人名头像冠军获得者

人名记忆步骤：5分钟人名（先用铅笔画出要记的人或名，挑容易记的画），时间最多用30秒，然后赶紧记忆。15分钟的话，先用1分30秒将要记的人名画出来。原则：挑容易的记，单个的人或名；挑有特征的记，比如看起来特别不一样的人。

如何记：编故事。如阿迪·卓里（这里没有图片只能描述了，一个漂亮的外国小女孩戴着一个手环），我们可以将记忆点放在她手上的那个手环上，因为这是属于特征特别突出的，然后联想：这个女孩戴的手环是阿迪品牌的手环，她的手放在桌子里。这样，我们就把名字和头像联系起来了。当我们在做回忆的时候，看到这个戴有手环的女孩子立刻就能想起来她的名字阿迪·卓里。在遇到熟悉的人或名时，可以将他与我们现实生活中的一些人的名字特征联系起来。

具体需要大家去多做这个练习，包括我们在现实中也同样是如此，没事的时候就可以去记一记这个人的名字，当作平常练习都不错！

分享者：陈智强

人物简介：《最强大脑》第三季全球脑王、世界记忆大师

按照方案来，多练，也不能说保证，但是肯定可以进步很多，100的希望也会更大（前提是要多训练）。

一、要舍小取大

人名头像这个项目在中国赛和世界赛上是15分钟，区域赛是5分钟。

中国赛和世界赛：把握好15分钟极为重要，首先是策略。我们在拿到试题的时候不要直接进行记忆，先将姓和名都在三个字及以下的打好钩，不过数量按照自身情况而定，我一般是花1分钟打钩，就像二进制一样，为了方便记忆，先花时间翻译。人头的打钩也是为了方便记忆。

区域赛：由于区域赛是5分钟，所以打钩的时间要减少，以自身的情况为准来制定记忆数量，由于时间很短，一般用20～30秒打钩，方便记忆。

在记忆人名头像的时候，头像就相当于一个地点，但是头像与地点不同时地点必须要在脑海中想出来，并且要非常清晰地想出来，这样在回忆时基本上一遍都能想起来。头像的话，我们直接就能看到清晰的图像，这样一来就少了将“地点”出图清晰这步，会轻松一点，只需将名字出图即可。

二、每个头像的特征

每个头像都有属于自己的特征，现在你还要多加练习，找出每个头像的特征，比如嘴巴、鼻子、眼睛、头发、首饰、衣服、帽子等，要找出让你看上去最与众不同的一个特征。有一点可以放心，每个人头的特征都不一样。有时会遇到相似的，我的话，这个人头就不进行记忆，因为要花时间辨别，而且还容易混淆。

等人名头像练习多了或者看多了（重复的试题可以多看找感觉）之后，

头像的特征就不用刻意去找了。到时候看到头像后直接用名字与头像联结。你可能会问："没有特征直接联结会不会混淆？"其实不会，因为你看到的每一个人头，你对他的印象都不一样，感觉也不同，就抓住这种感觉来与名字联结就行了。

三、名字与头像联结

起初对于人名头像的联结，就是将名字拆成几个自己知道的图片，然后将这几个图片与头像联结。不过这样会很慢，还是那句话，不要追求速度，把图像出清晰是关键。这些名字你应该也总结出一些编码，这些编码也能更快地帮你反映出图像。

等到人头练多了之后，慢慢也会有感觉了，到时候不用刻意将名字与头像联结，只需把每个人头与所对应的名字的图像出清晰就行了，我现在就是把每个人头所对应的名字的图像出清楚，不需太多联结（有时也会有联结）也能回忆起来，不会混淆。当然，有的名字我也不用出得很清晰，也适当地加入了机械记忆进去，比如"阿斯达那"是这次模拟中的试题，我没怎么出图，就凭多复习就能记住。机械记忆与图像记忆适当结合。因为外国人的姓和名是分开的，中间会有一个点，不过有时不在乎点，直接将姓名结合会更方便记忆。一定要收集总结外国人名，你知道的外国人名越多，记得越快、越牢、越准。

CHAPTER THIRTEEN

第十三章

1小时数字与1小时扑克

第一节 比赛规则

一、1小时数字比赛规则

目标：尽量记忆越多的随机数字（1、3、5、8、2、5等）（每行40个数字）并正确地回忆起来。

记忆时间：60分钟

回忆时间：120分钟

记忆部分

（1）计算机随机产生的阿拉伯数字，以每页25行、每行40个排列。

（2）比赛问卷数字的数量为现时世界纪录加上20%。如果选手可以记忆更多的数字，必须在比赛前一个月向组委会提出书面申请。

回忆部分

（1）参赛者应使用提供的完整清晰的答卷作答以方便计分。

（2）如参赛者需要使用自己的答卷，必须在赛前得到裁判的同意。

（3）参赛者必须将记忆的数字以每行40个写出来。

（4）参赛者必须在答卷中清楚标示其作答的行号（空白行数亦须清楚标示）。

计分方法

（1）完整写满并正确的一行得40分。

（2）完全写满但有一个错处（或漏空）的一行得20分。

（3）完全写满但有两个或以上错处（或漏空）的一行得0分。

（4）空白行数不扣分。

（5）最后一行：如果最后一行没有完成（如只写上29个数字），且所有数字皆正确，其所得分数为该行作答数字的数目（于该例即29分）。

如果最后一行没有完成且有一个错处（或漏空），其所得分数为该行作答数字的数目的一半。如为单数者调高至整数，例如作答了29个数字且有一个错处，分数将除以2，即29/2=14.5，四舍五入，分数调高至15分。

如果最后一行有两个或以上错处（或漏空），则以0分计。

（6）如果出现有相同的分数，从选手答卷中已作答却没有得分的行数中计算其正确作答的数字，每个数字为1分，分数高者胜。

二、1小时扑克比赛规则

目标：尽量记忆和回忆多副扑克牌的顺序。

记忆时间：60分钟

回忆时间：120分钟

记忆部分

（1）参赛者可以使用自备的扑克牌（组委会另有指定的除外），每副牌规定为52张，大小王除外，扑克牌必须在世界记忆锦标赛前交给裁判洗牌。

（2）在记忆时，每副扑克牌可以看多次，且不一定每次看一张，即可以同时看多张。

（3）记忆的次序（由面至底或由底至面）需要在记忆阶段中或之后作清楚标示。

（4）每一副扑克牌必须按顺序用数字标示好并用橡皮圈绑好。

（5）最后一副牌参赛选手要作标示，标明是最后一副且是否只记了一部分。

回忆部分

（1）答卷上每页可以写2副扑克牌。

（2）如参赛选手需要使用自备的答卷，必须在比赛前交给资深裁判决定。

（3）参赛选手必须写上每副牌的次序，每一张牌的数字（即A、2、3……J、Q、K）和花式（即黑桃、红桃、草花和方片）均必须清楚标示。

（4）参赛选手必须在答卷上清楚标示所写的牌是第几副。

计分方法

（1）每副完整并正确回忆的扑克牌得52分。

（2）有一个错处（包括漏空）得26分。

（3）有两个或以上的错处得0分。

（4）两张次序调换的牌当作两个错处。

（5）即使没有回忆全部的扑克牌也不会扣分。

（6）最后一副：如最后一副没有完成（如只记了头38张牌）而每一张牌都正确回忆，所得分数为正确回忆扑克牌的数目（即38分）。

如最后一副没有完成且有一个错处，其得分为回忆扑克牌数目的一半。

如出现小数点则四舍五入。例如，作答了29张扑克牌但有一个错处，分数将除以2，即29/2=14.5，然后调高至15分。

最后一副扑克牌有两个或以上的错处得0分。

（7）如出现相同分数，将在参赛者已经记忆并且写出来却没有得分的扑克牌中每张正确回忆的扑克牌得1分决定分，决定分较高者胜。

第二节　1小时数字/扑克简介

一、1小时数字/扑克的重要性

1小时数字/扑克是锻炼大脑长时记忆的绝佳项目，也是获取记忆大师认证的重要条件之一。

二、1小时数字/扑克的基石

1小时数字/扑克是以快速数字/扑克和海量地点桩为基础的。如果说1小时数字/扑克是一座高楼大厦，那么快速数字/扑克就是这座高楼大厦的地基，快速数字/扑克锻炼了我们记忆的准确度和记忆广度，这个基础越牢，1小时数字/扑克才能建设得越发高大坚固。地点桩则为我们进行1小时数字/扑克训练提供了“粮草供给”。

三、1小时数字/扑克的记忆方法

1小时数字/扑克有集中记忆和分配记忆两种模式可供选择。认知生命科学研究表明，记忆被分成几个阶段，虽然两者总的记忆时间一样，但相比集中的一次性记忆，分配记忆效果会更好。所以我们优先选择分配记忆模式。而且，从记忆大师训练和教学培养经验来说，分配记忆也是一种普遍采用的模式。所谓分配记忆，就是将一大块记忆内容切割成几个小块来进行记忆。

第三节　1小时数字/扑克记忆

一、1小时数字/扑克的记忆方法

对于1小时数字/扑克的分配记忆，我们主要考虑记忆总量、记忆单位和记忆策略三个方面。

（一）记忆总量

1小时数字和1小时扑克是记忆大师认证的重要标准。国际记忆大师的认证标准之一是：1小时记住1000个随机数字、1小时记住最少10副扑克牌。亚洲记忆大师的认证标准之一是：在30分钟内记住700个随机数字，在30分钟内记住7副扑克牌。

1小时数字/扑克的记忆总量，一般是在快速数字/扑克的基础上，参照折算系数的经验值，推算得出，并在训练中检验调整。

（二）记忆单位

记忆单位主要参考记忆广度和记忆信心等进行预判，数字训练初期可以240个数字为一个记忆单位，随着训练水平的提高可以增加到480个乃至更多数字为一个记忆单位；扑克训练初期可以2～3副扑克牌为一个记忆单位，随着训练水平的提高，可以增加到更多副扑克牌为一个记忆单位。

（三）记忆策略

记忆策略可以如下图所示。

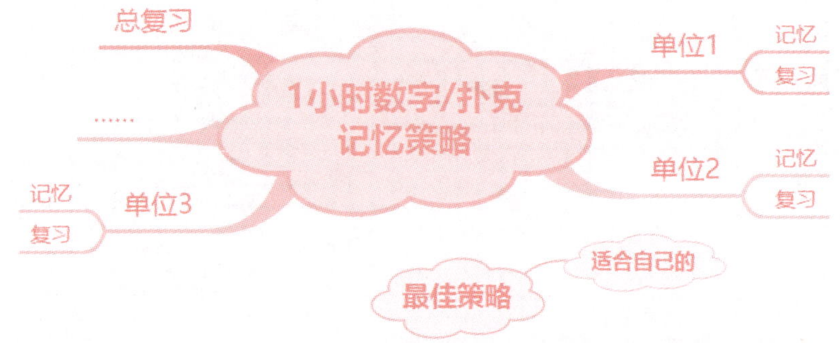

假如1小时数字/扑克记忆训练包括4个记忆单位（为了方便表述，可以命名为第1、2、3、4组），我们可以参考以下复习策略：记完第1组立即复习第1组，记完第2组立即复习第2组，记完第3组立即复习第3组，记完第4组立即复习第4组，最后总复习第1～4组。

在第一遍记忆清晰准确的前提下，看完第一遍立即复习的那次主要不是单纯地再看一遍，而是将记忆和回忆糅合在一起进行复习，就像核对答案一样，如果发现有不清晰的立即强化，使其与地点建立更加紧密的联结。最后总复习时，快速地在脑海中回想，想不出来的再看答案强化。我们之所以在复习时融入回忆元素，是因为单纯地再看一遍更多的是形成了正在记忆的错觉，而不能达到加强记忆的效果。

鉴于每个人的训练情况都有一些个性化的方面，所以每个人的最佳记忆策略需要自己在训练中探索，以期找到平衡准确率和效率的最佳方式。

二、1小时数字/扑克记忆训练方法

（一）1小时数字/扑克记忆训练流程

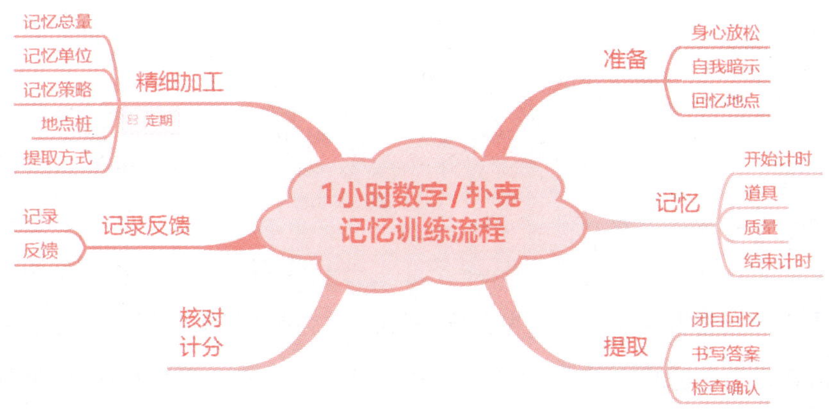

1. 准备

在开始记忆以前，先做身心放松、自我暗示和回忆地点等准备活动来进入记忆状态。

2. 记忆

按下计时器开始计时并同步开始记忆，记忆结束时按下计时器停止计时。记忆过程中，按照事先制定的记忆策略展开记忆活动，全程注意记忆质量，并将准确率放在第一位。

3. 提取

先闭目回忆，回忆完毕，再从容不迫、如有神助地将记忆内容整齐规范地书写在回忆卷上。书写时建议使用中性笔、油笔等不易涂抹的文具。

书写完毕，立即仔细地检查。一旦发现笔误等错误，按照清晰、规范的原则进行更改。常用的更改方式有：①将错误内容划掉，在同一单元格的空白处重新书写；②将错误内容划掉，在回忆卷的空白处重新书写，同时使用箭头符号和清晰的语句进行描述。

其中，鉴于1小时扑克项目有其内在逻辑关系，所以在回忆部分我们可以进行更加系统的检查确认。

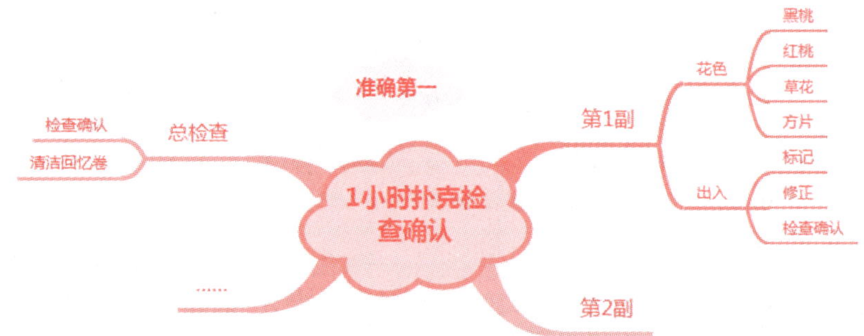

常用的检查方式如下：首先，检查每副扑克牌的每个花色是否为13张；其次，检查每个花色的13张扑克牌的唯一性（A、2、3……K），一旦发现多牌或者少牌，及时用铅笔标注出来；再次，根据检查情况修正；最后，当所有记忆的扑克牌都检查完毕以后，再从第1副开始（直至最后一副）复核确认一遍。确认无误后，用橡皮将铅笔标注的内容清除掉，以保证回忆卷的干净整洁。

4. 核对计分

按照计分规则计分。

5. 记录反馈

将原始分和记忆时间记录下来，同时把问题和好想法也简要地记录下来作为思考总结的素材。

不论1小时数字/扑克的成绩怎样，我们都要给疲惫的身心积极的心理暗示和奖赏，比如放松休息一下、吃点好吃的、看一部超级喜欢的电影……同时，也要发自内心的感恩感谢我们的大脑，并让它好好休息一下。

6. 精细加工

从记忆总量、记忆单位、记忆策略、地点桩和提取方式五个方面进行精细加工，而且我们还要站在长时记忆的角度对编码、联结和地点桩进行系统化的整合与优化完善。

（二）1小时数字/扑克记忆训练旅程

1小时数字/扑克记忆，记忆时间1小时，回忆时间2小时，对我们的耐力和脑力是一项巨大的考验。

一般我们将5分钟的快速数字训练到280个以上的水平时，或者将扑克训练到50秒以内时，开始着手1小时数字/扑克记忆训练：从15分钟数字/10分钟扑克起步，以30分钟数字/扑克作为过渡，最后升级为1小时数字/扑克记忆……

训练初期，我们的内心可以比较容易接纳15分钟或30分钟数字记忆、10分钟或30分钟扑克记忆；随着训练进程的推进，我们的内心可以逐步消释对1小时数字/扑克的畏惧心理。在长时数字/扑克记忆过程中，当有一股坚持不住或想中途放弃的浮躁涌上心头时，告诉自己“终点就在前方，再坚持一下”“这是上天的恩赐，坚持到底就能收获最美好的人生体验”“如果成功了，我就去休息（或者奖励自己最喜欢的东西）”……

随着记忆水平的提高和对长时数字/扑克记忆的适应，我们可以开始按照世界赛赛制的标准时间1小时进行数字/扑克记忆训练。

当训练到较高水平时，我们还可以适度超越，尝试一个半小时乃至两个小时的超长时间数字/扑克记忆训练。

由于1小时数字/扑克记忆训练的机会有限，所以可以做一些强度相当的联结训练，比如 1 小时数字/扑克联结训练，即在1个小时内持续不断地快速联结多张随机数表/多副扑克牌。

（三）1小时数字/扑克记忆节奏

长距离跑步很注重节奏，1小时数字/扑克记忆也是如此，在记忆过程中我们始终要保持平和的状态、均匀的呼吸和相对的匀速记忆，不要忽快忽慢，这样会乱了阵脚。在第一次复习的时候，即使发觉有些没记住也没关系，继续记下去。给自己一些积极的自我暗示："我大脑很清醒""我记忆效果很好""我一定可以全对"等。

因为记忆完1小时之后，马上就开始2小时的答题，中间没有休息时间，所以建议大家在1小时数字/扑克记忆训练前要少喝水，并杜绝生冷食物，以免在记忆过程中跑卫生间，既耽误时间，又有可能打乱记忆节奏，影响记忆效率和效果。

1小时数字记忆训练的里程碑参考：

入门级：60分钟400个

普通级：60分钟600个

达人级：60分钟1000个

高手级：60分钟1500个

大师级：60分钟2000个

冠军级：60分钟3000个

1小时扑克记忆训练的里程碑参考：

入门级：60分钟4副

普通级：60分钟7副

达人级：60分钟10副

高手级：60分钟15副

大师级：60分钟20副

冠军级：60分钟30副

（四）1小时数字/扑克记忆状态

我们需要在训练过程中体验并找出最佳的记忆状态，并且找到进入最佳状态的方式，以及如何更加长久地待在这个状态里的方式方法。

经过1小时数字/扑克的记忆训练，我们可以在长达3小时的记忆和回忆时间内保持高度专注和高效记忆，那么学习和生活中还有什么是我们不能解决的呢！

当然，1小时数字/扑克记忆完成后，长达十几天无法完全忘记的“痛楚”也会让我们从另一面感受到这一高效记忆方法的威力。

第四节　1小时数字/扑克常见问题与解答

一、1小时数字常见问题与解答

问题1：为什么我5分钟快速数字能够记忆200个，1小时只能记到1200个左右？

答：这个原理很简单，就好比你现在到操场上跑步，你跑100米的速度和你跑1000米的速度是一样的吗？同样，我们1小时数字，肯定是不能用快速数字的记忆节奏去进行的，不然，可能你前面能够做得很好，到了后面半小时你基本上就发现自己的大脑几乎处于效率低下、昏沉的状态。我们需要的是保持一个相对平稳的节奏去进行1小时数字记忆。

问题2：怎么让1小时数字平稳地提升上来？

答：1小时数字是以快速数字和海量地点桩为基础的。如果说1小时数字是一座高楼大厦，那么快速数字就是这座高楼大厦的地基，快速数字锻炼了我们记忆数字的准确度和记忆广度，这个基础越牢，1小时数字才能建设得越高大坚固。地点桩则为我们进行1小时数字训练提供了“粮草”供给。所以，我们可以将粮草（地点桩）变得更加富有营养，快速数字打下更加坚固的地基。

问题3：我现在5分钟数字大概240个，但是总是不敢做1小时数字，又想去尝试，但是怕自己又接受不了结果。

答：一般我们在害怕一个东西的时候有两种解决办法：方法一：去接近它，了解它，全方位地去拉近你和它之间的距离；方法二：回避，逃避，不面对。第一种方法，可能换来你对它的全面认识；第二种方法，你可能一直都是这种状态，还是不能接受它。

训练初期，我们的内心可能比较容易接纳15分钟或30分钟数字记忆；随着训练进程的推进，我们的内心可以逐步消释对1小时数字的畏惧心理。所以，在此我们建议遵循训练中的成长规律，从15分钟数字开始，以30分钟数字作为过渡，最后升级为1小时数字记忆。

也有小伙伴直接跳到1小时数字，甚至2小时数字的记忆，这样来说跨度非常大，但回首再看15分钟数字和30分钟数字的时候就小菜一碟了。

二、1小时扑克常见问题与解答

问题1：1小时扑克在记完之后是先做回忆还是先去填写答案?

答：有些小伙伴可能觉得，回忆1小时记忆的扑克牌要花掉十多分钟的时间，不是很划算，也怕在回忆的过程中，本来记住的，结果回忆过程中却想不起来地点桩上原有的图像了。

我们建议在记忆完之后可以花点时间去做回忆，这样又可以再好好地整理一遍之前记忆的内容，下笔如有神，岂不更舒服。细心的小伙伴应该会发现，一般高手在记忆完之后，他都不会立马去答题，而是先在脑海里面整理一下记忆的内容，然后再去作答。

问题2：我之前扑克记忆都是1副记忆两遍我才能记住，那么想问下，在1小时扑克记忆的时候我也这样去进行吗?

答：我们在训练的时候，一直都在强调一遍准确的能力。1小时扑克，我们可以看做是由快速扑克组成的，所以我们可以先从快速扑克下手，略微放慢一遍的速度，让脑海里的画面更加清晰，再在这个基础上去提高速度。另外，可以尝试在记忆宽度上下功夫，比如你本来记忆一副两遍，那么你现在记忆完一副，紧接着记忆第二副，再整体复习第一副和第二副，一共两遍。勤于思考，多做总结。

第五节　记忆大师分享1小时数字/扑克

分享项目：1小时数字

分享者：陆伟

人物简介：世界记忆大师、国家二级心理咨询师

1小时数字如何做到记多少对多少

浓缩为三个字：快、准、狠。

最讨厌那些顶尖高手，记忆速度快、准确率高，还要摆上一副帅帅的、酷酷的、让人看了想上去一顿海扁的表情。当然，人家那是实力和自信。如果浓缩为一个字，那就是：准！准，通俗地讲就是记多少对多少。我一般数字600以内两遍基本可以全对，最多是两遍记960，错四五个桩，那是世界赛前几天训练的成绩，所以没有太多时间训练960，时间够的话960两遍全对应该是不难的。据说，有高手两遍可以记2000多全对，我坚信这是可以达到的。当然了，准确率高一定是编码和地点的图像清晰、联结紧密、节奏平稳、富有感觉等。

对于记数字准确率高，我个人不同于很多人的两条经验是：

第一，找到两遍全对的节奏。我前期训练时只记一行数字，看一遍。到了差不多20多秒可以记住一行时，直接跳到两遍记6行，然后是12行和24行。

记6行时先不用计时，保证全对，彻底摆脱心理限制，摆脱时间束缚，找到全对的节奏。稳定了、全对了以后开始计时，前几次大概是七八分钟，然后每天练习三四次，一个星期左右就自然而然地进入到5分钟之内了。是的，自然而然进步，这个时候千万不要抢速度，唯一要做的就是保证全对！那速度是怎么变快的？通过记忆一行和数字联结来训练，这两个训练尽可能地拼速度，让大脑适应和喜欢上快节奏，到后面会感觉到放慢速度反而记不住。我每天吃早餐前和早、中、晚训练前各练4页数字作为热身，让脑子转起来。注意，这16页数字联结并不占用训练时间。伙伴们要注意训练的效率，不能半天甚至一天都把时间砸在联结上了。6行稳定在5分钟内全对了开始两遍记12行，同样先找准全对的节奏再计时，我是从17分钟左右最后进入10分钟以内，然后训练24行，时间是20～24分钟之间，练24行时已差不多到了世界赛，所以水平就停留在这儿了。

第二，当我们记完一遍进行第二遍复习时，注意我们已经记住的数字，编码和地点的图像会以超快的速度自然而然地蹦出来，很有感觉。而有些没记住的一点感觉都没有，甚至好像都没联结过，这时候第二遍要做精细加工，心理学上叫精细复述。具体来说，就是图像或联结的动作要和第一遍有些差别，最好是在第一遍的基础上做细节的进一步处理。也许有人会问，我第二次看到1314时就像从来没见过一样，怎么知道第一次怎么联结的，又怎么在第一次的基础上做深加工呢？这个可以完完全全地放心。举例来说，要记数字1314，地点是教室的黑板，我们只需要按正常平稳的节奏，顺其自然地出好图像、做好联结，这就是第一次的图像和联结方式！因为这是我们经过几百次甚至上千次训练形成的条件反射！细节精细处理有两方面：一是图像，比如13是医生穿着白大褂的图片，此时可以在白大褂上多看一眼，看到纽扣，或者看到医生的眼睛、表情等，找到一点点和自然蹦出来的图像不一样的细节，这就是图像的精细加工；二是动作的精细加工，比如1314，我的动作联结是穿白大褂的医生拿着手术刀把钥匙切成两半，切成两半后进一步处理：可以是手术刀继续用力往地点上压一下，或者把切开的钥匙往旁边拨一下，甚至手术刀轻微地左右晃动一下，都会让记忆准确率大大提高。

这个经验其实可以解决一个问题，老有伙伴大喊："哎呀，我5分钟记了3遍，甚至4遍，该记不住的还是记不住！"是的，如果第二遍、第三遍，甚至第四遍，只是简单机械地重复第一遍的图像和联结动作，速度非常快，但是并不一定能很有效地提高准确率。本人的经验是机械地重复三遍准确率远远低于精细化重复两遍，当然了，精细化重复三遍的准确率就更高了，不过960以内完全没必要三遍，我是1440才记三遍，第二遍和第三遍都是精细化重复，所以我马拉松1440三遍基本可以全对。由于时间限制，我的速度并没有练到1500以上甚至2000以上的顶尖水平，或许以后有机会试一试，和大家并肩作战！我仍然坚信，用这种方法，2～3遍，2000全对没有任何问题！世界赛赛场上有机会再和伙伴们一起探讨。

最后，送一句话给正在奋斗着的小伙伴们共勉：

有志者，事竟成，破釜沉舟，百二秦关终属楚；

苦心人，天不负，卧薪尝胆，三千越甲可吞吴！

分享项目：1小时扑克

分享者：覃雷

人物简介：世界记忆大师、世界记忆锦标赛武汉赛区亚军获得者

马拉松扑克是以快速扑克为基础，个人建议快速扑克一遍在 2 分钟以内再去练马拉松扑克。如果扑克牌的时间在2分钟以内并且正确率比较高的话，可以尝试一次记 5 副牌然后总复习一下，如果正确率比较低的话就尝试一次记 3 副牌然后总复习一下。

我的马拉松扑克习惯是记4遍，其中第一遍是最主要的。第一遍，可以记慢一点，一定要把动作发生到位，最好能在地点上留下回忆线索；第二遍，就是把自己没有记住的地点强化一下；第三遍，检查一下自己有没有看错的情况，例如红桃10经常会被看成黑桃10；最后一遍，就是总复习。

区域赛是10分钟的马拉松扑克，我建议记两遍。如果是 1 小时的话，我建议记3～4遍。平时在训练的时候，把所有的地点都用于快速扑克训练，大脑可以自动筛选出比较好用的几组地点，其中最好用的两组用来记快速扑克，相对好用的就用来记区域赛10分钟的马拉松扑克，答题的时候最好使用标准的答题卡作答。在答题的时候，如果有个地点实在想不到主动和被动（前后顺序），可以都写成一样的，这样可以得到一半的分数。如果1小时你刚好记了15副牌，第16副你可以随便填一张牌，有1/52的概率答对！

CHAPTER FOURTEEN

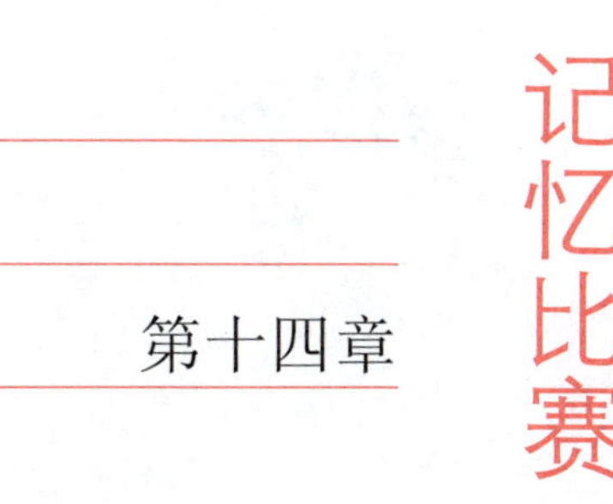

第十四章 记忆比赛

关于记忆比赛，我们主要从记忆赛制、世界记忆锦标赛十大项目比赛策略、流程与口令、地点桩等方面进行讲解。考虑到世界赛赛制具有示范效应且战线最长，以及我们编著本书的目的之一是帮助普通人在世界记忆锦标赛上获得“世界记忆大师”殊荣，所以我们统一按照世界赛赛制讲解十大项目的比赛事宜，国家赛和国际赛赛制可以参照类比推演。

第一节　记忆赛制

根据世界记忆运动理事会2015年最新制订的比赛规则，被认可的记忆赛制主要有以下三类：

项目	国家赛（National）	国际赛（International）	世界赛（World）
人名头像	5分钟	15分钟	15分钟
二进制数字	5分钟	30分钟	30分钟
马拉松数字	15分钟	30分钟	60分钟
抽象图形	15分钟	15分钟	15分钟
快速随机数字	5分钟	5分钟	5分钟
虚拟历史事件	5分钟	5分钟	5分钟
马拉松扑克牌	10分钟	30分钟	60分钟
随机词汇	5分钟	15分钟	15分钟

这三种赛制都是以世界记忆锦标赛十项比赛内容为基础，符合世界脑力锦标赛的宗旨和方针，为各级比赛提供参考依据。

第二节　比赛策略、流程与口令

一、比赛策略

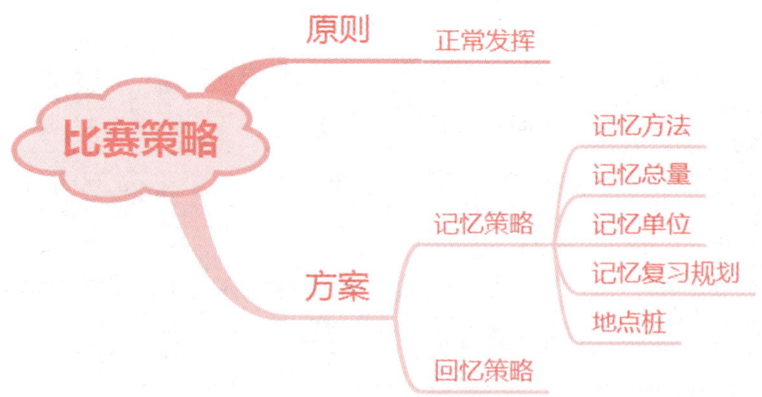

我们制定比赛策略的一般原则是，在比赛中正常发挥出自己的训练水平。具体方案，一般包括记忆策略和回忆策略两个部分。其中，记忆策略又包括以下几个方面：①选择合适的记忆方法；②根据记忆水平预估记忆总量；③将记忆总量切分为几个记忆单位（如果需要的话）；④规划好记忆过程中的记忆与复习安排；⑤匹配相应的地点桩；⑥确定合适的提取策略。

（一）人名头像

人名头像是比赛中的第一个项目，一般我们会选择相对稳妥的策略。记忆阶段开始后，先勾选容易记忆的人名头像（勾选数量即为记忆总量），然后再开始记忆。

（二）二进制数字

二进制数字是比赛中的第二个项目，一般我们经过人名头像的比赛已经进入了稳定的记忆状态，我们的总体原则是正常发挥自己平时训练的水平。比赛时应用的二进制记忆方法，我们直接使用自己平时训练所采用的方法（直忆法或翻忆法）即可。其中，对于选择二进制翻忆法的选手，在制定比赛策略时还需要注意记忆阶段翻译和记忆的时间分配。比如说，计划在30分钟的比赛时间内记忆4页二进制数字，可以分布如下：8分钟翻译，22分钟记忆。

需要注意的是，在二进制比赛项目中，有些选手在记忆阶段会使用透明胶片。在2015年第一届亚洲记忆锦标赛暨第三届香港记忆公开赛上，赛事主办方直接提供与比赛记忆卷配套的画好分界线的透明胶片；其他赛事，一般是在赛前由工作人员或选手自己在自备的干净的透明胶片上画线。当然，对于比赛中使用的透明胶片需要经过裁判的检验，以免造成作弊嫌疑。

（三）1小时数字

1小时数字是第一天比赛的第三个项目，也是我们在比赛中遇到的第一个长时比赛项目，总体原则是正常发挥出自己平时训练的水平。

（四）抽象图形

抽象图形是第二天比赛的第一个项目，总体原则是正常发挥出自己平时训练的水平。

（五）快速数字

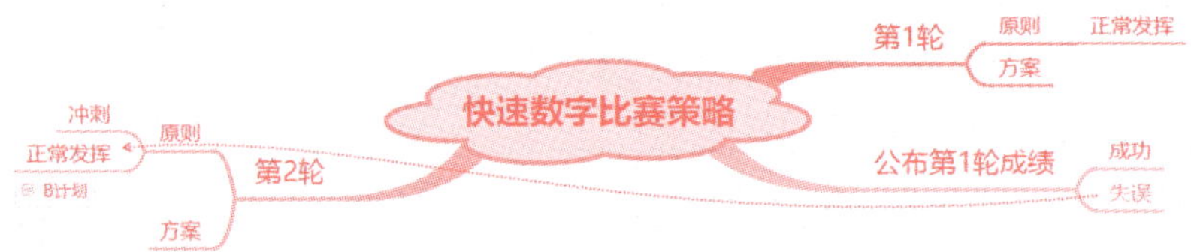

快速数字是比赛中遇到的第一个多轮测试项目，总体原则是第一轮正常发挥出自己平时训练的水平，第二轮再冲刺。

在第二轮快速数字比赛开始前会公布第一轮的成绩。如果第一轮成功，则第二轮可以选择冲刺更高的成绩；如果第一轮出现失误，则建议第二轮采取稳健的策略发挥出正常水平。

（六）虚拟历史事件

虚拟历史事件是一个只有一轮机会且只有短短5分钟的激烈的比赛项目，我们会选择相对稳妥的策略。

（七）1小时扑克

1小时扑克是第二天下午的比赛项目，也是我们在比赛中遇到的第二个且最后一个长时比赛项目，总体原则是正常发挥自己平时训练的水平。

（八）随机词汇

随机词汇是第三天的第一个比赛项目，总体原则是正常发挥自己平时训练的水平。

（九）听记数字

听记数字是比赛中唯一一个有三轮测试机会的比赛项目，我们的总体原则是正常发挥出自己平时训练的水平。

在下一轮听记数字比赛开始前会公布上一轮的成绩，不论上一轮成绩如何，我们都要保持平稳的心态。

（十）快速扑克

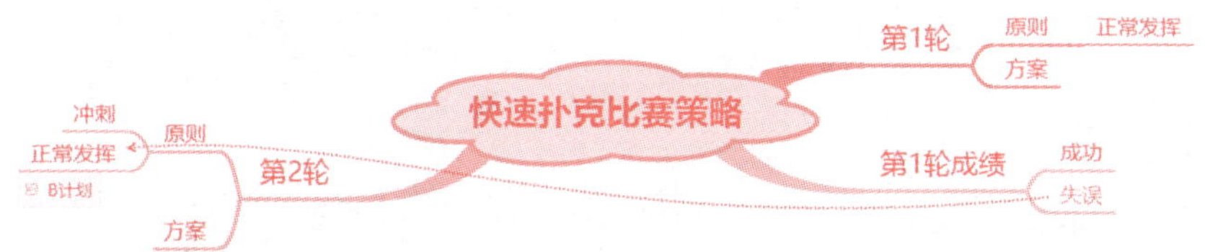

快速扑克是比赛的最后一个项目，我们的总体原则是第一轮正常发挥出自己平时训练的水平，第二轮再冲刺。

如果第一轮成功，则第二轮可以选择冲刺更高的成绩；如果第一轮出现失误，则建议第二轮采取稳健的策略发挥出正常水平。

二、比赛流程

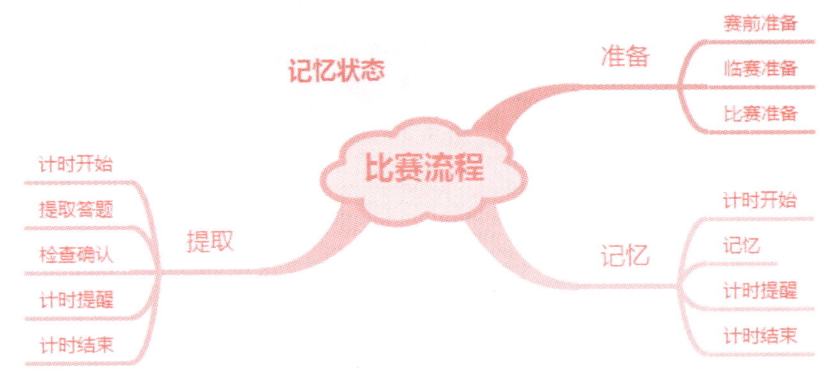

（一）准备阶段

准备流程又细分为赛前准备、临赛准备和比赛准备三个小的阶段。

赛前准备，是指距离比赛开始前一刻钟、前一天等时间段所做的一些热身准备。比如复习编码、回忆地点桩、记忆训练等。

临赛准备，是指距离比赛开始前几分钟所做的身心放松等活动。比如端正坐姿、想象蓝天白云等宁静的场景和深呼吸，以期帮助我们快速进入记忆状态。

比赛准备，是指比赛开始后、记忆阶段开始前所做的准备活动。比如确认收到简体中文版的记忆卷，裁判发布一分钟准备口令时的准备，裁判发布十秒口令时手握记忆卷但不允许翻开。

（二）记忆阶段

伴随着记忆阶段计时开始，我们马上翻开记忆卷，按照记忆策略进行记忆。记忆过程中，我们会听到裁判发布的计时提醒，此时要保持镇定，不要慌张。记忆结束时，听到裁判发布结束口令立即停止记忆并将记忆卷反扣在桌面上。

（三）回忆阶段

我们在比赛期间，记忆阶段结束后至回忆阶段开始前有一个短暂的间歇，用于裁判收发比赛试题，而记忆刚刚形成之后的干扰事件会妨碍记忆的形成，所以这个间隙我们要保持记忆状态。

伴随着回忆阶段计时开始，我们开始提取答题，答完立即检查。回忆过程中，我们会听到裁判发布的计时提醒，同样要保持镇定。回忆阶段结束时，听到裁判发布结束口令立即停止答题并将回忆卷反扣在桌面上。

三、比赛口令

关于比赛口令，香港记忆锦标赛官网发布的信息如下：

有关比赛时的公布，主要以英语为主，重要的讯息也会以中文（普通话）公布，例如：

Memorization Phase 记忆阶段

（1） Your one minute mental preparation time starts - NOW

一分钟准备时间开始

（2） 10 seconds

十秒

（3）Neurons on the ready- GO

脑细胞准备，GO

（4）15 minutes remaining

还有十五分钟

（5）5 minutes remaining

还有五分钟

（6）1 minute remaining

还有一分钟

（7） Stop memorising and turning over your paper

停止记忆，试卷背面向上

Recall Phase 回忆阶段

（1）Your 1 hour recall time starts – NOW

一小时的回忆时间开始

（2）15 minutes remaining

还有十五分钟

（3）5 minutes remaining

还有五分钟

（4）Stop the recall and make sure your name and ID are written on the paper

停止作答，请确认是否有写您的姓名与编号

第三节　地点桩

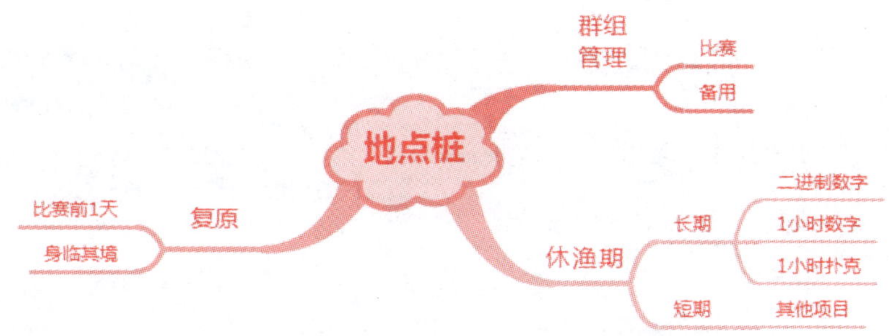

一、地点桩群组管理

从备赛、参赛的角度我们将地点桩划分为比赛地点和备用地点两大类。结合每个比赛项目的使用习惯和记忆总量等情况将比赛地点再按照十大比赛项目进行细分和匹配，而且不仅分配到各个项目上，对于有多轮测试机会的项目还要细分到每一轮测试。分配的比赛地点，在赛前要进行演练，达到一定的熟悉度。

二、地点桩的“休渔期”与复原

为了保证比赛时地点桩是干净的，我们需要给予比赛地点一定的“休渔期”，也就是荒置一段时间、不理不睬。一般二进制数字、1小时数字和1小时扑克的休渔期在十天以上，其他项目的休渔期在五天以上。

在比赛前一天，我们要通过回忆等方式找回比赛地点身临其境的熟悉感觉。

APPENDIX

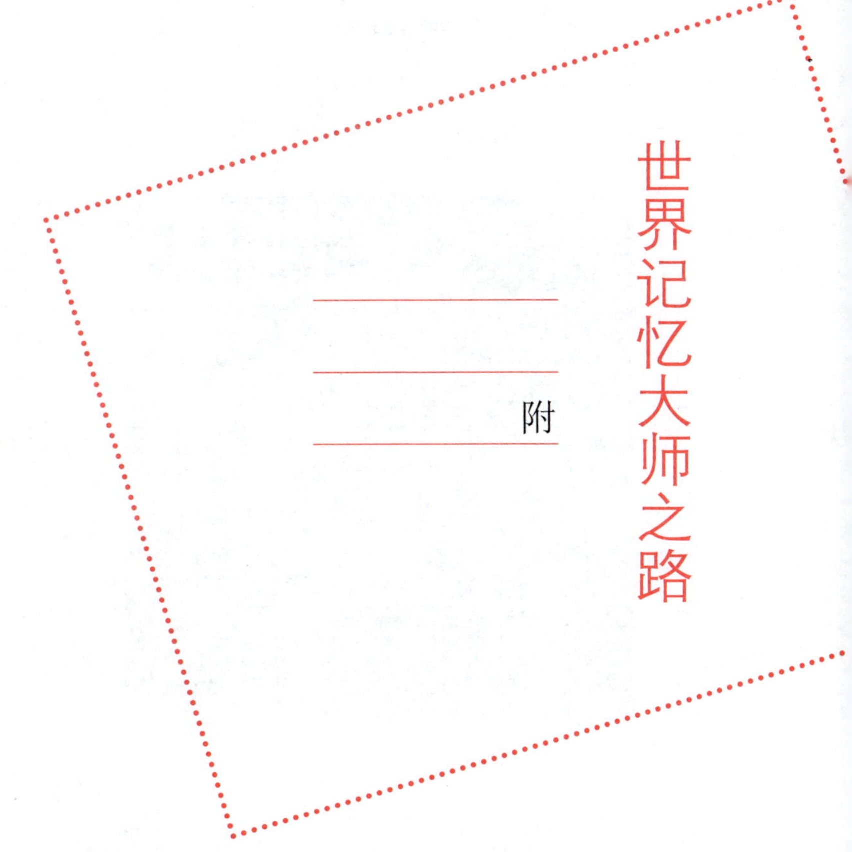

附 世界记忆大师之路

附一 聂东东的记忆梦想

聂东东与世界记忆锦标赛八届总冠军 多米尼克

聂东东是尚忆第一期师资班的学员，2014年5月下旬到广州参加师资班，6月份开始备战记忆锦标赛，经过短短半年时间的训练，记忆力有了极大的提升。在第23届世界记忆锦标赛上，通过了被誉为“脑力铁人三项”的考核（2分钟内记一副扑克牌，1小时记10副扑克牌，1小时记1000个数字），顺利获得了“世界记忆大师”终身荣誉称号（International Master of Memory）。

第一期师资班结业照片，你能找到这位新晋的记忆大师吗？

一、结缘尚忆师资班

在曾冠茗老师看来，聂东东在师资班的学员中并不是一个天赋很高的学员，在师资班的好几个记忆训练项目中他都是落在后面的，有时候还需要曾老师单独辅导一下才能顺利通关。他之所以能在短短半年时间内从一个普通人成长为世界记忆大师，靠的是一种不达目标决不罢休的决心，以及由这个决心所引发的坚持不懈的努力！

聂东东毕业于山东大学，学的是会计专业，毕业后进入一家上市公司，依靠自己的勤奋努力，他拥有了CMA（美国注册管理会计师）、CIA（国际注册内部审计师）等国际权威的专业认证资质，并在短短的几年间从普通的会计成长为主管、部长助理、副部长、部长，进入了公司的决策层。

然而，就在事业处于快速上升阶段的时候，他通过记忆力训练网接触到了记忆法，并受《最强大脑》节目的感染，认定教育才是他从内心中真正想要做的事业！于是，他在参加完我们的记忆培训师资班之后，回去立刻办理了辞职手续，开始专心备战第23届世界记忆锦标赛。

二、背水一战

放弃在上市企业有大好前途的职位，而转到一个陌生的领域，这需要下很大的决心才行。这个过程中，当然会遇到来自亲友方面的巨大阻力。

辞职时，东东跟女朋友已经到了谈婚论嫁的时候，并定好在年底结婚。当他把打算辞职的想法（其实那个时候已经辞职了）告诉父母的时候，父母立刻坚定地摇头反对，想法也很容易理解，突然辞掉财务部长这样一份好工作，却转入一个闻所未闻的行业，谁愿意把女儿的未来寄托在这样一个人身上呢？

后来经过反复的沟通，才允许聂东东参加比赛，但是有一个条件：如果拿不到“世界记忆大师”的证书，就必须回去，继续找一份会计的工作！

聂东东的“世界记忆大师”证书

东东感受到了人生当中从未有过的巨大压力。许多人会在压力之下崩溃，而东东则选择把压力化为动力。他明白，自己已经没有退路了，只有背水一战，无论如何，一定要拿到证书！

三、圆梦记忆大师

在这种必胜信念的支持下，聂东东跟几个伙伴一起展开了紧张而有序的训练。为了让身体和大脑能进入更佳的状态，聂东东和伙伴们在尚忆教育几位老师的指导下制定了科学的训练计划，并在记忆技术、心理与状态、运动锻炼等几个方面制定了详细的训练计划，除了定时训练之外，每天坚持打坐、站桩、运动、早睡早起，甚至连饮食也变得清淡了。

训练的过程是枯燥的，每天至少要训练8个小时。在训练的过程中，总会遇到一些瓶颈。

有一段时间，东东连续训练了几周，但成绩一点都没有提升，记一副扑克的时间一直徘徊在2分多钟。看到成绩没有进步，东东有点着急，也有点心灰意冷，以为自己再也无法突破了。于是，他给自己放了半天假，到街上随意逛逛，回来之后又去游泳，把体力都消耗得差不多了。然而没想到，第二天再训练的时候，记忆一副扑克的成绩竟然直接跳到了1分20秒，有了大幅提升。

对于马拉松数字记忆方面，东东也一直存在瓶颈，直到世界赛之前，他一个小时的记忆成绩仍然徘徊在1000个数字的生死线附近，没有十足的把握。直到最后一周，他在训练伙伴袁健翔的指导下，用了一些心理技巧，每天调整自己的心态，让自己每天都保持轻松、自信、跃跃欲试的状态。结果到世界大赛的时候，他有了超水平的发挥，一个小时记忆了1200多个数字，轻松超出了世界记忆大师的标准。

聂东东与多项世界纪录保持者、最强大脑选手西蒙合影

四、喜结良缘

获得“世界记忆大师”称号的聂东东终于可以长舒一口气，稍微给自己放松一段时间，带着对未婚妻的无比思念踏上回家迎亲的旅程！

五、胸怀“让记忆流行起来”的大爱

在完婚之后，聂东东为了帮助更多人成长为世界记忆大师，为了“让记忆流行起来”，毅然决然地挑起了尚忆世界记忆大师集训营总教练的重担，投入到记忆事业的推广之中。他希望学员们能够超越他，有新的突破！

推广记忆运动，让记忆流行起来，让更多人进入记忆的自由王国！

——聂东东

附二　闫家硕：全球年龄最小的世界记忆大师是这样诞生的

世界脑力锦标赛儿童组是指年龄在12岁以下的小朋友，儿童组有很多小天才，在许多项目上都取得令人惊叹的成绩，尤其是快速扑克项目上，小朋友们的速度非常快！

闫家硕和她的教练　世界记忆大师聂东东

在第24届世界脑力锦标赛上，产生了近百位世界记忆大师，其中来自儿童组的只有几个。在儿童组的新晋世界记忆大师之中，来自尚忆战队的闫家硕小朋友，她今年只有10岁（2005年7月出生），在读五年级，在全球200多位世界记忆大师中她是年龄最小的一位！

然而，如果想要同时达到“1小时1000个数字、1小时10副扑克、2分钟一副扑克、总分达到3000分”这四项世界记忆大师的标准，对小朋友们来说就比较难了。因为，孩子们可以记得很快，却通常缺乏耐力，尤其是马拉松数字项目，对许多孩子来说是难以逾越的一道难关。因此，儿童组中能获得“世界记忆大师”称号的小朋友非常少。

家硕刚到尚忆战队参加集训的时候，所有的教练都觉得她是个小天才，因为她进步的速度非常快，尤其表现在快速扑克这个项目上，很快能做到一分钟以内记住一副扑克。而且她表现出对记忆训练的热爱程度远远超出与她同龄的孩子甚至比她大很多的孩子。她能够长时间进行训练而不感到枯燥乏味，这让她具备了优秀脑力运动员的品质。

家硕妈妈为了支持孩子参加集训，也是下了很大的决心，用了各种借口帮她向学校请了一个月的长假，而且还得向学校保证不影响期末考试。

然而经过一段时间集训之后，教练们就有了疑惑。因为家硕在自己训练的时候速度都很快，但每次我们组织内部比赛，她的成绩都不理想，一副牌要看好多遍才能记下来。记马拉松扑克的话，更是慢得离谱，记三副牌都花了大半个小时。聂东东、方士奇、陈阳等教练都花了很多精力指导她，但收效却不是很明显。那个时候家硕还不到10岁，跟教练们交流的时候也不一定能完全说清楚自己的情况，教练也很难准确知道她有没有严格按照我们的方法来训练。

后来，在家硕妈妈的帮助下我们找到了问题所在。原来家硕在加入尚忆战队之前，在家乡济南参加过记忆特训营，有了一些记忆的基础，也会用一些地点桩的方法。然而她有些编码不太好用，又没有认真去修改。同时，她跟大多数小朋友一样，喜欢用串联的方法，而不太愿意用地点桩。为了少用一些地点桩，她会在一个地点上放4个图像。我们要求的是一个地点放2个图像，她却一直没有改过来。另外就是，她找的地点桩都不是很好用。

找到问题的原因之后，教练们在家硕妈妈的帮助下耐心引导家硕建立起了科学有效的记忆体系。

然而，新的记忆体系还没开始熟练，家硕妈妈就不得不带她回学校准备期末考试。家硕每天在学校上学，课后和周末则按照东东老师给她制定的训练计划在妈妈的帮助下展开训练。家硕很少参加课外补习班，一做完作业马上就投入到训练之中，在记忆能力不断提升的同时，她在学校里的学习成绩也同样名列前茅！

在完成学校繁重的学习任务之后再训练一会儿，毕竟这样的训练强度是不够的，因此当暑假开始，家硕再次回归尚忆战队的时候，由于跟其他伙伴的差距比较大（尤其在她训练得比较少的项目上），孩子小小的心灵承受了大大的挫败感，好长一段时间都没有恢复过来。

在家硕妈妈和多位教练以及尚忆战队其他队员的鼓励之下，家硕的状态慢慢有所回升，8月份参加在香港举行的亚洲赛的时候，她的30分钟马拉松扑克项目还追平了世界纪录，跟她一起追平纪录的还有尚忆战队的另一名小队员：郭嘉兴。

香港赛之后，家硕又得回到学校上课，只能用业余的时间来训练了，东东老师所领导的教练团队给家硕布置了每天、每周的训练任务，在家硕妈妈的协助之下执行。

从9月份开学到11月初城市赛举办的这两个月中，我们也不知道家硕的训练水平怎样了，究竟有多少提升，大家心中都没底。直到城市赛结束，喜讯传来，家硕在济南赛区获得了7金、2银、1铜的好成绩，成为了济南赛区总冠军！家硕所在的学校也非常高兴，整整一周都在宣传她的事迹，整个学校的老师、学生以及学生家长都认识了她这个记忆小神童！

在接下来11月底的中国区总决赛，家硕再接再厉，获得了儿童组抽象图形项目的冠军以及快速扑克的季军！

虽然家硕接连取得了令人惊喜的成绩，但马拉松项目仍然不理想，在中国赛中1小时马拉松数字只记对了700多个，离世界记忆大师的标准还有很长的距离。

意识到马拉松项目的差距之后，家硕妈妈狠下决心，一定要帮助家硕把马拉松项目的水平提升起来。于是，在中国赛结束之后，家硕妈妈向学校请了一周的假，并请了同在济南的记忆爱好者张建远先生给予指导训练。主持人出身的张建远先生，在指导家硕训练之余，每天还给她朗诵《最佳状态》（张海洋著），帮助她调整心态、调整训练状态。

家硕妈妈还找来了同在济南的小选手一凡，跟家硕一起训练。一凡是第二次参赛了，记忆水平也非常高，这次也获得了青年组的“世界记忆大师”称号。两个小伙伴一起训练，你追我赶，乐此不疲。在大家的共同努力下，营造了良好的训练氛围。

为了提升马拉松的成绩，家硕妈妈要求两个小伙伴每天进行两次马拉松训练，上午一次，下午一次，地点桩不够的话就反复用——要知道，这样高强度的训练，即使是许多成绩优秀的成年选手，也未必能坚持下来——而家硕却咬牙坚持住了！家硕妈妈要求她，一个小时的记忆，顶多复习两遍，宁愿记得稍微慢一些，也要保证记忆的准确度。这种高强度训练持续了一周，直到世界赛开始的前两天才停止。

一周的艰苦训练带来了回报，家硕的水平提升得非常快，在世界赛中，家硕的1小时马拉松数字达到了1080个，而1小时马拉松扑克达到了12副，快速扑克等项目也依旧发挥出色，十个项目的总分达到了三千多分，最终获得了“世界记忆大师”的光荣称号，成为全球年龄最小的世界记忆大师！同时，她还获得了儿童组抽象图形项目的银牌和马拉松扑克的铜牌！

你想要的只能自己给自己，所以你必须努力！

——闫家硕

附三　训练鬼才杨雁的传奇记忆之路

他不是魔术师，
他是世界记忆大师；
他不是记忆天才，
他是记忆训练鬼才！

在2015年12月刚结束的第24届世界脑力锦标赛中，来自中国湖南怀化的杨雁，在来自世界各地的近300名选手中成绩佼佼而出，获得全场“实力选手”称号，并同时荣获了“世界记忆大师”证书。在快速扑克这一最为激动人心的比赛项目中，杨雁以22秒的成绩获得全场银牌，排名世界第三，同时获封中国快速扑克第一人！

他自己并不是记忆天才，所有的发生都缘起于他自己上学的时候，因为生于湘西特别贫穷的一个山村，上学都得走十多里乡路。小时候也因为记忆力差，被父亲严厉的责罚，认为他没有努力读书。他印象最深的是：他上初中的时候，成绩特别差，平均每门就50分，为了考上高中，每天和几个伙伴凌晨五点钟起床来读课文，任何一门科目他都读，更不知道有什么记忆方法，老师知道后，还会去赶，让他们回去睡觉。但他也没有办法，为了各个会考，只能这样和老师周旋，久而久之，老师也就放弃了。

一直到了2015年才接触到了记忆法，也因为妹妹没有考上高中，下定决心要把记忆法带回家。

目标在，路就不会远。2015年3月来到广州尚忆教育学习，每天在密密麻麻的数字里练习，走路练，坐车练，有一次还因为记数字坐过了一站。也因为这样的勤奋，他在一个月的时间里就超过了其他人；在三个月的时候，就达到了世界顶尖水平；最终在世界脑力锦标赛中拿到了属于自己的荣耀。

杨雁说："其实每个人都能成为记忆高手，只要通过正确的系统训练，都能让记忆力得以大幅度的提升。"

注：杨雁不仅是中国快速扑克第一人，同时还保持有30分钟数字和30分钟扑克两项中国纪录。

目标在，路就不会远！用心就是狠角色！

——杨雁

附四　从中国移动培训师到世界记忆大师

如果要用一个词来形容雷南燕获得“世界记忆大师”的过程的话，这个词就是“惊心动魄”！

一、初战失利

广州城市赛结束的时候，雷南燕十个项目总分只有1000多分，“铁脑三项”中也只有快速扑克一个项目过关，马拉松数字和马拉松扑克的成绩都一塌糊涂！

而“世界记忆大师”的成绩要求是总分达到3000分，“铁脑三项”则需要全部达标。

这时，离中国赛只有十多天的时间，离世界赛也只有一个月的时间。而且如果中国赛的成绩不行，则连世界赛的入门券都拿不到。

怎么办？

在伤心、郁闷、失落了一整天后，雷南燕开始收拾心情，分析自己分数低的两个原因：一个是有好几个项目训练不足；另一个是因为心态不够稳定，遇到一点挫折就影响了整个比赛状态。

针对这两个原因，她进行了调整，在保持训练马拉松的同时，增加其他项目的训练量。而在心态调整上，除了继续打坐站桩之外，还用从《最佳状态》一书里领悟到的方法来调整状态。

她的训练桌上只放了三样东西：耳机（用于防止杂音干扰）、训练扑克、《最佳状态》。

二、涉险过关

如果按2014年的标准，1000多分的成绩连中国赛都进不了。但幸运之神眷顾了南燕，今年的中国赛放宽了标准，雷南燕在忐忑不安的心情中迎来了中国赛。

昆山。

阴霾，偶有阳光。

十多天的调整初现成效，雷南燕的小项目成绩有了显著的提高，马拉松扑克也达标了，中国赛结束后她终于勉强拿到了世界赛的入门券，涉险过关！

但是，还有很多问题，比如马拉松数字离达标还差200，十个项目的总分也只有2500分。而现在离世界赛开赛只剩下十多天的时间，成绩还能不能进一步提高，她心中也没底。

三、大逆转

成都。

多云转晴。

当马拉松数字成绩公布的时候，雷南燕的心情紧张得不行，如果马拉松数字没过关，那后面的项目成绩再好也没用了。

她紧张地在刚公布的成绩榜上找自己的成绩，突然她看到自己名字旁边的分数只有980分！（1000分才达标）

立刻，只觉得四肢冰冷、天旋地转，整个人被郁闷的心情压得透不过气：怎么会就差这一点点？她反复看了几遍，还是这个分数！

她沮丧地对旁边的队友卢龙斌说："完了，彻底完了。"

过了一会，卢龙斌指着成绩榜说："你看错了！你的成绩是上面那一行！"卢龙斌给她指了几遍，果然是看偏了一行，她真正的成绩是1000分！一分不多，一分不少，幸运再次降临，真是上帝保佑！

马拉松数字过关了，南燕的心情立刻振奋起来，这是上天在帮她过关啊，焉有不胜之理！接下来的比赛可以用势如破竹来形容，马拉松扑克、快速扑克，以及其他项目，都顺利发挥出平时的水平，最终成绩公布时，雷南燕以3000多分的成绩获得了"世界记忆大师"的光荣称号！

四、更有意义的事

雷南燕的移动培训师工作照

在加入尚忆之前，雷南燕是中国移动的高级培训师。移动公司的待遇、福利都很好。她每天过着从宿舍到公司两点一线的生活，简单而稳定，从未想过会成为什么“世界记忆大师”。直到几年后，她厌倦了这样平淡的日子，想要找寻更有意义的生活，她遇到了尚忆。

进入尚忆后，雷南燕承担了公司日常的讲课任务，公开课、师资班、特训营，尤其是暑假的两个月，不是在讲课，就是在讲课的路上，她只能见缝插针地进行训练。

由于尚忆有良好的训练氛围，不仅可以在公司训练，没课时也能在家训练，还能经常参加尚忆记忆大师集训营的训练和模拟比赛，这些都为她后期的逆袭打下坚实的基础。

获得世界记忆大师的证书固然令人欣喜，但她说：“在高强度的闭关训练过程中的忍耐与坚持、在不断调整状态过程中所获得的成长、在参赛过程中的那些宝贵体验，才是对自己的人生更有意义的事情！”

坚持就能创造奇迹，大家加油哦！

——雷南燕

附五　双子星闪耀

一、缘起

2014年1月，即将大学毕业的方士奇和陈阳在校园操场上发呆，他们俩从小一起长大，一起读书，一起遇到过很多事情，但从未像现在这么迷茫，不知前途在哪里，不知未来的生活是否面目狰狞。

第一季《最强大脑》的播出像一枚原子弹一样在全国范围引起了强烈的反响，大家都被节目中的表演嘉宾所展现的超强能力所震撼，从未想过一个人的脑力竟能如此之强！大家也从未想过，一个常人通过专门的训练也能拥有一颗超强大脑！

看着张海洋老师的《最强大脑解密》，方士奇一拍大腿，是啊，何不尝试一下这个记忆训练，哪天不小心可能还会上《最强大脑》！

是啊，梦想总要有的，说不定哪天就会实现了呢。

尚忆教育第一期师资班合影，你能找到方士奇吗

就这样，双子星方士奇和陈阳见到了一丝曙光，朦胧中有一个崭新的天地！

他们开始了疯狂的学习旅程。他们找到了久负盛名的记忆力训练网（jiyili.net），把里面的课程学了个遍，这一轮的学习，还有陈明月等老师精彩的课程和非凡的记忆效果让他们看到了记忆事业的广阔前景，眼前朦胧的新天地也逐渐清晰起来：投身记忆培训事业！

于是，两人又毫不犹豫地参加了尚忆教育的记忆师资培训班，不过由于两人囊中羞涩仅能凑够一个人的学费，于是猜拳后决定由方士奇作为代表参加尚忆的师资培训班，学成回去后再教陈阳。

在这个培训班中，方士奇结识了同样怀着远大梦想的聂东东。最让他感到兴奋的是，聂东东准备参加年底在海南举办的世界脑力锦标赛！

这可是迈向梦想重要的一步啊，当下他们决定一起组队训练，备战年底的世界脑力锦标赛。

聂东东、方士奇、陈阳在广州尚忆教育总部合影。

二、打击

一切都在顺利地进行着，他们已经找到了今后的发展方向，看见入口处的大门了，现在还需要一把叫做“世界记忆大师”的钥匙。

然而，艰苦的训练生活单调而乏味，每天高强度的训练令人难以忍受，简陋的训练场所和艰苦的训练环境都严重干扰了他们的日常训练，让人无法真正静心训练。这样封闭式的训练对人的心态考验真的很大。

很快，大赛的日子到来了。

迎接他们的却是残酷的现实：两人都因为马拉松数字没过关而与当年的“世界记忆大师”失之交臂。尤其是方士奇，他的马拉松数字记对了980个，离1000个数字的标准只因两位数的纰漏！而陈阳的马拉松数字也是生死边缘，只对了960个，真是一对同病相怜的苦难兄弟。

早知道伤心总是难免的，没想到两个好朋友连不幸都是相同的……

面对这点挫折，我们的双子星说：“风雨中这点痛算什么，擦干泪不要问为什么……”

泪还没擦干，他们就得到消息：下一届的“世界记忆大师”的标准提高了！

新的标准在原有的“铁脑三项”的基础上，又额外增加了“总分3000分以上”的要求。这就意味着，其他七个项目都必须同时训练才行，否则就很难达到3000分。

哦，多么痛的领悟！多么大的打击！

一切又得重头开始，更艰苦的训练生活……

三、梦圆

日出又日落，云卷复云舒。

头悬梁，锥刺骨。

有志者，事竟成。

只要功夫深，铁杵磨成针。

宝剑锋从磨砺出，梅花香自苦寒来。

……

经过了一个又一个励志诗词谚语的真人版后，他们，方士奇和陈阳，在2015年的世界脑力锦标赛上终于发挥出色，以近4000分的成绩双双获得“世界记忆大师”荣誉称号！

城市赛总冠军　陈阳

世界记忆大师　陈阳

在你想要放弃的那一刻，想想为什么当初坚持走到了这里！

——陈阳

世界记忆大师　方士奇

收获的喜悦难以言表，幸福内敛，不失大师本色

真正决定一个人成就的，不是天分，也不是运气，而是严格的自律和高强度的付出。

——方士奇

附六　神雕侠侣：全球首对世界记忆大师夫妇卢龙斌与卢红莲

今年的世界脑力锦标赛有一对璧人十分惹人注目，男的清癯俊朗、斯文大方，女的俊俏秀丽、活泼伶俐，他们俩在赛场里出双入对，一起比赛共同领奖，羡煞旁人。

神雕侠侣　卢龙斌与卢红莲

他们就是世界上首对同时成为“世界记忆大师”的夫妻卢龙斌和卢红莲，他们新婚不久，这次同时参赛，同时获得“世界记忆大师”荣誉，堪称记忆届的“神雕侠侣”！

2009年，卢龙斌因为要考心理学，每天要看大量的辅导资料，深受记忆力困惑的他找到了中国记忆力训练网，第一次接触到了记忆法，他发现这个方法居然管用。但慢慢地就感觉这个方法虽然能记下扑克、数字甚至英语单词等，但是要花这么多时间去想象和联想，还不如死记硬背来得方便快捷呢。就这样，考完试就慢慢把记忆法淡忘了。

直到2014年，《最强大脑》的热播才猛烈触动了卢龙斌的心弦：原来记忆法是可以这样用的啊，可以达到这样高的境界啊！不仅可以用来记忆数字、扑克，还可以用来记忆油画、二维码甚至虹膜等一切需要记忆的东西。他再次对记忆法产生了强烈的兴趣。

他开始在网上找资料，自己独自训练，每天练两小时。随着训练的加深，记忆速度不断加快，成功似乎慢慢地靠近了。

很快，他就发现自己训练的方法像练魔教的“吸星大法”一样，功力越深，隐患越大，而且越难纠正！一身冷汗之下，他紧急刹车，被迫停了下来，知道自己自学的方法有大缺陷了。

卢龙斌与张海洋老师

所谓“读万卷书不如行万里路，行万里路不如名师指路”，其实学习一门技艺，效果最好、时间最短的方式莫过于跟着名师学习了。此后他一路向袁文魁老师请教，参加张海洋老师的课程，向郑爱强老师求教，把记忆届里的名师学了个遍，从此训练终于走上正轨，训练的成绩也由此突飞猛进。

在卢龙斌的带动下，妻子卢红莲也对记忆产生了强烈的兴趣，也跟着一起练习，为了想跟卢龙斌一起去参加比赛，她就辞去工作，专心在家训练。训练了一段时间，她的水平竟然超过了卢龙斌！这让卢龙斌看到了职业训练与业余训练的效率区别。

从此，卢龙斌也辞职进入全天候专业训练的状态，夫妻两人有时候训练得太投入了，没时间买菜做饭，就订盒饭送到家里，吃完再继续练！

在大赛前的两个月，他们回归尚忆战队集训营，跟大家一起进行大赛前的模拟练习，经过尚忆战队独一无二的模拟练习洗礼后，他们十个项目的记忆能力快速稳定了下来，为获得“世界记忆大师”打下了坚实的基础！

那时尚忆教育的聂东东老师刚拿到2014年的“世界记忆大师”回到广州，卢龙斌就专程请假过来和聂东东等人交流，才知道为了准备2014年的世界脑力锦标赛，聂东东是辞掉了月薪过万的高管职位后专心全职训练了半年多才达到这样的水平。

世界记忆大师　卢龙斌

世界记忆大师　卢红莲

成为世界记忆大师之后，卢龙斌表示，他们现在的梦想是全身心投入到神圣的记忆事业之中，携手开辟记忆新天地，把好的记忆方法、学习方法传授给更多的人！

每天进步1%，坚持下去，享受荣誉！

——卢龙斌

只要你想要，就一定能做到！

——卢红莲

附七　因为换了偶像，所以破了世界纪录

一、爱睡觉不爱训练的花季美少女

王月茹是被妈妈送来尚忆战队参加集训的，那时她正在读高一。

刚来时，她有一大特点，就是爱睡觉，每天早上集训的时候她总是一副睡眼惺忪、永远睡不够的样子，训练两小时后又喜欢趴在桌上继续睡一会儿。当然，每个青春期的人都是这样。

其实，那时月茹对记忆力训练还没有特别的热情，她只是因为妈妈认为记忆力训练对她的成长有帮助，就听了妈妈的话，从学校请假来广州训练。

不过，在度过了开头一段时间的训练后，事情起了一些变化。

二、 偶像效应

在尚忆记忆大师集训营环境的熏陶下，她开始慢慢迷上了记忆力训练，而且随着对记忆的了解，她喜欢的偶像慢慢从以前的歌星影星变成了《最强大脑》里的明星选手。她的愿望是变得像他们一样厉害！

自此之后，月茹的训练就比以前主动多了，每天都会超额完成教练交给她的训练任务，她的记忆水平稳步提升，模拟比赛的成绩也从此名列前茅，每次比赛的成绩都非常稳定。

暑假过后，月茹升到高二，但为了能够参加世界记忆大师比赛，她提出继续向学校请假，直到完成12月的世界赛为止。

中国总决赛　王月茹·

世界赛现场，比赛即将开始

三、如愿以偿

有了偶像的力量，月茹的记忆水平突飞猛进，城市赛、中国赛，她都表现出色，收获多个奖项。到了12月成都的世界脑力锦标赛世界总决赛，她继续出色发挥，不仅收获了“世界记忆大师”证书，还打破了少年组抽象图形项目的世界纪录！

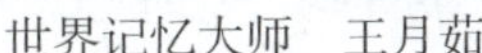
世界记忆大师　王月茹

与偶像合影

不但拿到了世界记忆大师，还如愿以偿地与偶像合影！

虽然已经拿到了“世界记忆大师”的荣誉，但月茹说：“我准备继续参加明年的比赛，一定要再进一步，拿到最高级别的‘世界特级记忆大师’证书！”

四、品学兼优的背后

王月茹不仅相貌娴静美丽，而且学习优异，待人处事也非常懂礼貌。她非常爱护环境，每次看到垃圾，总会细心地把垃圾收集起来放到垃圾桶中。

这一切都与她母亲精心的教育分不开。

王月茹的妈妈王雁是素质教育的坚定拥护者，她十分认同曾冠茗老师童教课程的教育理念，为了女儿的教育，她不仅不远千里远赴广州学习童教课程，送女儿到尚忆记忆大师训练营，还在新疆开办了素质培训学校，她的愿望是在培养自己女儿的同时，也把亲朋好友的孩子一起培养，希望能在力所能及的范围内帮助每一个深陷应试教育困扰的家庭和孩子！

张海洋老师和曾冠茗老师身后的那位女士，就是王月茹的妈妈——王雁。

只要练不死，就往死里练！

——王月茹

附八　一切为了孩子，做最棒的妈妈

传说中的绝世高手，都有一个非常普通的职业，如扫地僧、猪肉佬。尹锡琼亦如是。你以为她是一名理发师，其实她是一个世界记忆大师。

问：是什么原因使你放下5岁的儿子，从遥远的牡丹江不远万里去到广州学习？

尹锡琼：……

问：是什么原因使你放着这么有前途的发型师不做，而想去做个世界记忆大师？

尹锡琼：……

问：从理发师到世界记忆大师，到底有多远？有多难？

尹锡琼：……

思绪缓缓将她带回到一年之前……

一、牡丹江畔姊妹花

那时的生活就像一艘行驶在牡丹江平缓江面上的船，缓慢、稳定，过着幸福宁静生活的尹锡琼，从未想到有一天自己会驶到入海口，惊涛骇浪顿时迎面扑来，生活的画面从此变得波澜壮阔。

这一切要从她情逾手足的闺蜜翟清华说起。

《最强大脑》节目播出后，翟清华被里面众多选手的神奇表演深深吸引，没想到人的大脑竟然潜藏着如此巨大的潜能。接下来，她更多地了解到，原来每个人都可以通过科学的训练而获得同样的能力！

作为一个整日操心孩子学习的妈妈，她多希望自己的孩子也能拥有这样的能力，多希望能为自己女儿的梦想之路再添上一双翅膀啊！

通过网络，她结识了尚忆教育，她尝试学习了尚忆的一些记忆方法来教女儿记单词。虽然是现学现卖，没想到效果竟然十分之好！赞叹之余，她掩饰不住内心的喜悦，把这个好消息告诉给她的闺蜜尹锡琼。

二、偏向虎山行

两位闺蜜一拍即合：为了今后孩子能轻松地学习，为了弄明白图像记忆的神奇之处，她们决定结伴一起远赴千里去学习记忆术，并选择了最难的世界记忆大师班！

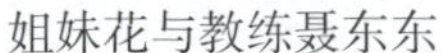

姐妹花与教练聂东东

尹锡琼与张海洋老师

然而，学习的难度超乎她们的想象，艰苦的训练生活如此单调令人难以忍受，南北气候的差异也很难适应，还有那里成群的蚊子似乎独爱被黑土地滋养过的辣妈，尹锡琼腿上成片的蚊子包看着都让人心疼。

更令人着急的是训练的进度难以跟上。

班里有年龄不到10岁的闫家硕，有高中生，还有大学生，而妈妈级的就只有她们两位，俗话说“一孕蠢三年”，两个妈妈一进来似乎智力就真比大家低了一截，根本无法跟上训练的节奏！

三、家书抵万金

然而，这些都不是最困难的事，作为从未离开孩子的母亲，对家庭和稚子的思念才是对她们最大的考验。思念之情也一度让她们无法真正静心训练，成绩不进反退，这样封闭式的训练对人的心态考验确实很大。

尹锡琼经常看着教室里那句“只要练不死，就往死里练！”的标语，咬着牙刻苦地训练着。有时候实在是练得太苦了，又想起家里数月未见的儿子，忍不住失声痛哭……

哭完，又继续往下练……

四、百炼成钢

绝不能退缩！不能忘了来时的初衷，要给孩子们树立一个好榜样！

她们俩相互鼓励，咬牙坚持。就在情况慢慢好转时，家乡传来消息：翟清华的母亲罹患重病！无奈的她只能终止训练，回家尽孝。

这个意外使两位形影不离的闺蜜变得形单影只。压力全部落在尹锡琼的身上，两个人的希望终要寄托在她一人身上！

可这位坚强的辣妈尹锡琼却对回家照顾妈妈的闺蜜说："你安心在家照顾阿姨，我一定把证书给你拿回来！"

五、千帆过尽

白云飘过大顶子山，
金色的阳光照船帆，
紧摇桨来掌稳舵，
双手赢得丰收年！

尹锡琼与多米尼克

从城市赛开始，尹锡琼越战越勇，在2015年12月的世界脑力锦标赛上，她73秒记住一副打乱的扑克牌，一小时记住1300多个无规则数字，准确率100%，一小时记住十几副扑克牌，发挥出色，最终获得"世界记忆大师"荣誉称号！

完成了从理发师到记忆大师的跨越，站在八届世界记忆冠军多米尼克身旁的尹锡琼已初具大师范儿了！

六、后记：猜猜我有多爱你

小兔子要上床睡觉了，它紧紧抓着大兔子的长耳朵，要大兔子好好地听它说。

“猜猜我有多爱你？”小兔子问。

“噢！我可猜不出来。”大兔子笑着说。

“我爱你这么多。”小兔子把手臂张开，开得不能再开。

大兔子有双更长的手臂，它张开来一比，说：“可是，我爱你这么多。”

小兔子动动右耳，想：嗯，这真的很多。

小兔子大叫：“我爱你，一直过了马路，到牡丹江那头。”

大兔子说：“我爱你，一直过了牡丹江，到大海的那一边。”

小兔子想：那真的好远。

它揉揉红红的双眼，开始困了，想不出来了；它想起大兔子外出时对它说，广州在很远很远的地方，要好久好久才能回来，它觉得没有比广州更远的地方了。

大兔子轻轻抱起频频打着呵欠的小兔子。

小兔子闭上了眼睛，在进入梦乡前，喃喃说：“我爱你，从这里一直到广州。”

“噢！那么远，”大兔子说，“真的非常、非常、非常远。”

大兔子轻轻将小兔子放到床上，低下头来，亲亲它，祝它晚安。

然后，大兔子躺在小兔子的旁边，小声地微笑着说：“我爱你，从这里一直到广州，再到世界记忆大师，再……绕回来……”

一分耕耘一分收获，未必；

九分耕耘一分收获，一定！

——尹锡琼

附九　太阳每天都是新的

陈阳
2015年第24届
世界脑力锦标赛
深圳赛区总冠军

一、初逢

2014年的一天，因为好友的推荐，陈阳开始了“追剧”生活：逢周五晚上必看江苏卫视的《最强大脑》节目。

因为节目实在是太精彩，原来这世上还真有那么多不可思议的人物，原来人的大脑还真能做到那么多不可思议的事情！对这一切，陈阳都超感兴趣，从那时起，陈阳就开始留意和《最强大脑》有关的一切事情，尤其是怎么能练就这样的最强大脑。

陈阳在网上搜索有关《最强大脑》的资料时，一个网站跃入眼帘：中国记忆力训练网。看上去和《最强大脑》有关，点进去却是个自己完全陌生的世界，充满新鲜的感觉，满屏是奇怪的名词，什么图像记忆、思维导图、快速阅读、右脑开发等，每个都充满了诱惑力，似乎都在告诉他，你要寻找的东西都在这里。

他简直是迫不及待了，当即报名参加了网站的课程，闻所未闻的学习方法加上老师生动的讲解，让他每天都沉浸在学习的快乐中，也让他从此踏入了图像记忆的大门。

二、验证

他如饥似渴地学习着，记忆力训练网的课程全上遍了，还意犹未尽。这套记忆方法很好，但到底对学习的帮助有多大呢，他很想验证一番。

他想到了正在上初中的几个弟弟妹妹，于是他现炒现卖，用刚刚学到的方法帮助弟弟妹妹们将初中的生物、地理、历史、政治用思维导图画出重点，再用图像记忆的方法教他们如何记忆。同时，还将英语单词的记忆方法教给他们。

结果奇迹真的出现了！那学期的期末考试弟弟妹妹们的成绩有了突飞猛进的提升！就连学习最差、最不爱学习的弟弟，也从全班的30多名一跃进入前10名，仅英语成绩他就提高了20多分！要知道，他以前每次考试都是在及格线上徘徊的啊！

三、逐梦

效果得到验证后，陈阳对记忆方法更是信心大增，同时一个梦想也慢慢浮现心头：世界记忆大师！

为了这个梦想，陈阳放弃了已经联系好的设计工作和优厚的薪水，他全身心地投入到实现梦想的过程中，他开始备战2014年的世界脑力锦标赛。

那段和伙伴们一起闭关训练的时间终生难忘，有过欢笑，有过泪水，有过感动，有过难过。现在回忆起来，依然历历在目，所有的付出都是值得的！

2014年12月，世界脑力锦标赛总决赛在海口举行，陈阳在这里见到了很多传说中的脑力界的大牛人物，如王峰、鲍里斯、西蒙、老本、乔纳斯等人。来自全世界26个国家的选手，一共186人，作为中国战队的一员，陈阳感到特别的荣幸。

四、一念

脑力比赛的比赛现场静谧得连根针落在地上都能听见，但比赛却和奥运会赛跑一样紧张刺激，分分秒秒都在比拼着速度、耐力，中间没有休息、不能停顿；试想有这样一个跑步比赛：你是和全部人在赛跑，但你却完全不知对手跑得多快，你没有任何参考，只能静下心来和心魔较量，一个走神，就可能被落下几百米，而自己却毫无知觉！

这就是脑力比赛的魅力，一念天堂，一念地狱。既要十分放松，又要精神高度集中。有的项目甚至需要三个小时，在这三个小时内，注意力都必须高度集中，心无杂念，定力不够的人会感觉很累、很紧张。

五、失手

在最刺激的快速扑克比赛后，裁判员对陈阳说："我好紧张，手心都出汗了。"

陈阳说："我更紧张。"十二月的海南，穿着短袖，室内开着冷气，又是安静地坐在那里，但陈阳全身却因为紧张而不断冒汗。

因为紧张，陈阳在马拉松数字比赛上出现了失误，与世界记忆大师失之交臂。

赛后，陈阳心情低落地在浴缸里泡了一个小时才缓过劲来。

"这没什么，年轻就是最大的本钱，太阳每天都是新的，我陈阳还会杀回来的。"

六、重来

接下来的2015年，陈阳加入到了刚组建的尚忆战队中，他一边坚持训练、为参赛做准备，一边把自己的训练技巧和参赛经验无私地分享给尚忆战队的伙伴，帮助大家共同成长、一起进步！

12月，在成都举办的第24届世界脑力锦标赛上，经过又一年的风雨洗礼，陈阳变得更成熟更自信，他在场上保持沉着冷静的心态，把自己的实力发挥得淋漓尽致，最终以接近4000分的总成绩顺利获得了“世界记忆大师”的荣誉称号！

关于未来，陈阳说：“我会继续参加比赛，多积累心得和经验，同时我也打算把这么好的记忆方法教给别人，让更多的人能因此而受益！”

陈阳与刘康煜、聂东东合影

陈阳与脑力王者本合影

在你想要放弃的那一刻，想想为什么当初坚持走到了这里！

——陈阳

附十　从华为工程师到世界记忆大师

一、全球飞的工程师

陈智峰毕业后就进入了全球500强的华为公司，就职工程师岗位。这是一份令人羡慕的工作，可以全球出差支持各地项目，而且年薪不菲。

在华为工作期间，陈智峰去过神秘的印度、穷困的非洲埃塞俄比亚、荒凉的中东卡塔尔，看过很多风景，也听过很多故事，同样也受到了很多历练。

然而，长年累月的出差逐渐让陈智峰感到疲惫不堪，一年甚至数年不能回家的状态令陈智峰心生退意。很快，他就从华为离职了。

辞职后陈智峰完全可以再找一个相对轻松而且收入不低的工程师职位，但是，他内心深处又不想再做工程师那种单调重复的工作了。正犹豫时，《最强大脑》开播了。

二、因缘际会《最强大脑》

看了《最强大脑》节目之后，他觉得，同样是用脑，记忆大师这种用脑方式感觉比工程师更酷、更炫，他更喜欢和更多的人打交道，他也更喜欢用这样的方式来展现自己。

于是，为了能从呆板的工程师变身为酷炫的记忆大师，陈智峰只身来到广州，加入了尚忆战队，闷头9个月苦练记忆力。工程师那灵活的脑子用在记忆力训练上也同样灵光。陈智峰在尚忆战队各位教练的指导下，记忆力稳步提升，很快就达到了世界记忆大师的水平。

三、《最佳状态》降服心魔

然而，在城市赛上，他由于紧张，没休息好，好几个比赛项目的实力都没有发挥出来，成绩并不理想。

于是，听从教练组的建议，从城市赛结束到世界赛的那一个多月时间里，陈智峰每天晚上睡觉前都坚持打坐放松半小时。并经常翻看张海洋老师的《最佳状态》，领悟其中所讲到的调整心态的方法，认真安排每天的放松练习。

世界赛终于到了，虽然还是因为紧张影响了睡眠，每晚只睡三四个小时，但由于懂得放松，所以也没因此而焦虑，精气神没有受到太大影响，比赛时的状态还不错。直到第二天的比赛结束，马拉松项目轻松过关之后，陈智峰那颗悬着的心才真正放了下来，晚上终于睡了个好觉。

四、圆满句号，铺开光明大道

最终，陈智峰以1小时记住1303个随机数字、1小时记住15副扑克牌、78秒记忆一副扑克牌、十个比赛项目总分超过3000分的成绩荣获“世界记忆大师”称号，为大半年的努力画上了圆满的句号，也为事业的成功转型铺好了一条光明大道！

只要坚持梦想，你就是下一个世界记忆大师！

——陈智峰

附十一　成功需要一个好环境

世界记忆大师的几个标准：1小时记10副扑克牌、2分钟记一副扑克牌、1小时记1000个数字、十个项目的总分达到3000分以上。

这几个标准，对大部分人来说，只要按照科学的方法认真去训练，其实并不难达到。但为什么很多人却无法达到？本来只需要三个月的时间，他们却花了一年、两年，甚至更长的时间？

原因无外乎三个：不正确的训练方法、缺少持之以恒的训练和没有好的训练环境。

对于前两点，很多人都深以为然，他们却常常忽视了第三点的重要性。

自古以来，“孟母三迁”“南橘北枳”这些成语故事无不说明了环境对一个人的成长和成才所具有的重要性。在好的环境里，会有一股力量推动你迈向成功；而在不好的环境中，大部分人则可能因为各种原因而难以进步。

图中右边这位娇小美丽的姑娘叫蒋淑康（大家喜欢昵称她为小米），她很喜欢记忆技术，希望有一天能从事记忆培训，当一名优秀的记忆培训师。

一、小米姑娘

为了实现这个愿望，她到处取经拜师学艺，先后到过尚忆教育、东方巨龙和文魁俱乐部学习，学习期间她的表现很不错，基础十分扎实，并信心满满要拿个“世界记忆大师”。

在制定了一系列训练计划后，就遇到麻烦了，因为回到家后她就忙着工作和生活的各种琐事，原本的训练计划根本就实施不起来。

一晃一年过去了，小米的训练是三天打鱼、两天晒网，记忆水平没有明显的起色，连她的姐姐也替她着急。

正在这时，小米听说了尚忆在组建 “世界脑力锦标赛战队”的消息，她马上跟姐姐商量，在姐姐的大力支持下，她第一个报名参加了尚忆战队三个月的集训班，而且打算集训期结束之后还继续留在广州进行训练。

果然，集训班里的氛围对小米的帮助很大，在队友你追我赶的气氛中，在教练严格的监督和考核中，小米的训练成绩不断上升，很快就达到了世界记忆大师的标准，而且十分稳定。

在参加完香港的亚洲脑力锦标赛之后，小米觉得可以休息一下了，她回家休整了半个月，好好慰劳了自己一番，每天吃喝玩乐过得相当舒坦。

可是，当她再次回归尚忆战队的时候，发现记忆水平下降了一大截，有好几个原先不如她的伙伴已经超越她了。

从此，一直到世界赛开赛前，小米都没再敢离开尚忆战队半步了。

运气就是机会碰巧撞见了你的努力！

——小米

二、帅哥陆伟

陆伟毕业于广州中医药大学，还打算再考儿童教育心理方面的研究生。他喜欢旅行，一场说走就走的旅行，一人一车一背包，翻山越岭，风餐露宿，骑行2000多公里，到达常人无法到达的地方，领略常人无法领略的风景。

他受到同校师兄、最强大脑史俊恒的影响，对记忆训练充满了兴趣。自己常常在工作之余进行训练，希望能参加世界脑力锦标赛。

由于边工作边训练，对于一名缺乏训练和比赛经验的人来说，难度极高，缺乏训练的氛围，也缺乏教练的指点，训练效果并不好，记忆水平上升缓慢。

是继续这样练下去，还是辞职进入尚忆战队训练？他犹豫了很久，最终还是下定决心辞去工作，加入尚忆战队专心训练，因为他知道，如果一个人在家里边工作边训练的话，可能这辈子都与世界记忆大师无缘了。

进入尚忆战队之后，陆伟爱琢磨、肯用功，在战队良好的氛围中如鱼得水，把自己的训练潜力完全发挥出来，记忆能力提升迅速，很快就达到了世界记忆大师的水平。

有志者，事竟成，破釜沉舟，百二秦关终属楚；

苦心人，天不负，卧薪尝胆，三千越甲可吞吴！

——陆伟

三、聪明小伙刘康煜

刘康煜，是山东省东营市胜利油田第十中学高一的学生。他是个聪明的小伙子，但是在学习上找不到乐趣与自信，所以就不是太热爱学习。

直到他参加了张辉老师的记忆课程。张辉老师是尚忆师资班学员，他上完师资班后，回去就开始开班培训记忆课程，他见刘康煜在课堂上表现出超乎其他同学的快速想象能力，记词语、记数字等都比别的同学要快，而且他还表现出对记忆训练的强烈兴趣。

有多年培训经验的张辉老师一眼看出这是个专业记忆训练的好苗子。张辉所在的胶东教育培训学校虽然是当地最有影响力的教育机构，但做记忆培训还是刚起步，所以他第一时间就想到把刘康煜送到尚忆战队去集训。

张辉老师和刘康煜的父亲做了充分沟通，向学校请好了假后，刘康煜就踏上了广州之旅，他要挑战世界记忆大师。

在集训班里，刘康煜展现了他的记忆训练天分，他的成绩进步非常快，稳定在前几名。

暑假结束，刘康煜回到东营，开始了高二的学习。

刘康煜与德国队长鲍里斯

11月，城市赛结束之后，聂东东教练发现刘康煜的记忆成绩比以前下降了不少，如果以目前这个水平去参加世界赛的话，结果难以预料。

于是，在教练组的建议下，刘康煜爸爸也尽了很大努力向学校请假，在世界赛开始前的一个多月再次把他送到广州来进行训练和模拟比赛，直到世界赛结束才回家。

是金子不一定闪闪发光，浪子并非都迷失方向！

——刘康煜

四、结尾之前

他们三个在世界赛的赛场上都发挥出色，顺利荣获“世界记忆大师”称号。

其实不仅是他们，我们之前介绍过的闫家硕、方士奇、卢龙斌、卢红莲等记忆大师都有过相似的经历，缺乏一个良好的集训环境，有可能使他们获得世界记忆大师之路变得更漫长更艰难……

所以，要想获得成功，很多时候需要一个良好的环境。

在尚忆战队的世界记忆大师集训营，你将会像13名世界记忆大师一样拥有一个最佳的训练环境，学到顶尖的训练方法，当然还有大量的比赛秘诀，帮助你用最短的时间达到世界记忆大师的水平，早圆记忆大师之梦！

寄　语

现在，你已经系统地学习了专业的记忆训练体系；同时，通过练习，你的记忆力已经得到了很大的提高。但这并不是终点，而只是最大限度地提升记忆能力旅途中的一个时点，继续锻炼你的记忆肌肉，你会惊喜地发现自己的记忆力持续提高，思维也变得越来越敏捷、富有创意。

经过认真训练，你就有机会参加全球诸多的国际记忆运动赛事，乃至世界记忆锦标赛，与各个国家和地区的世界级记忆大师进行比拼，检验自己的记忆能力，开阔视野，增长阅历。

记忆大师源于梦想，成长于训练，成就于坚持！

尽情享受终身难忘的奇妙记忆之旅吧！

我们在世界赛场等你！

——聂东东　尚忆战队主教练

世界记忆大师

世界记忆锦标赛官方认证裁判

——陈阳　尚忆战队教练

世界记忆大师

世界记忆锦标赛深圳赛区总冠军